采昆虫
做标本

主编:汤亮 胡佳耀 余之舟 李利珍

海峡出版发行集团 THE STRAITS PUBLISHING & DISTRIBUTING GROUP | 海峡书局

图书在版编目（CIP）数据

采昆虫　做标本 / 汤亮等主编．－福州：海峡书局，2019.8（2024.7 重印）

ISBN 978-7-5567-0632-7

Ⅰ．①采… Ⅱ．①汤… Ⅲ．①昆虫－标本－采集②昆虫－标本制作 Ⅳ．① Q96-34

中国版本图书馆 CIP 数据核字（2019）第 117374 号

出 版 人：林　彬
策 划 人：曲利明　李长青
主　　编：汤　亮　　胡佳耀　　余之舟　李利珍
插　　画：余之舟
责任编辑：廖飞琴　俞晓佳　　陈　婧　　卢佳颖　陈洁蕾
装帧设计：董玲芝　李　晔　黄舒堉　林晓莉
封面设计：董玲芝

CĀIKŪNCHÓNG　ZUÒBIĀOBĚN

采昆虫　做标本

出版发行：海峡书局
地　　址：福州市台江区白马中路15号
邮　　编：350004
印　　刷：深圳市泰和精品印刷有限公司
开　　本：889mm × 1194mm　1/32
印　　张：5.5
图　　文：176码
版　　次：2019年8月第1版
印　　次：2024年7月第4次印刷
书　　号：ISBN 978-7-5567-0632-7
定　　价：88.00元

采昆虫 做标本

　　曾经，在田野中追逐蝴蝶，在树林里捕捉知了，在夜幕下寻觅蟋蟀，和昆虫的种种相遇是我们童年记忆中最开心的片段。随着时间的推移，那一份关于昆虫的情感不但没有褪去，反而成为我们收集和研究昆虫的主要动力。如今，孩子们却越来越少有这样的经历，繁重的课业使他们少有时间走进大自然，飞速的城市化进程使得身边的自然环境离人们越来越远。所以当有机会准备这样一本书的时候，我们满怀激动，比做任何一个科研项目都倾尽全力地筹备和撰写。通过这本书我们想告诉人们，尤其是孩子们，在纷繁美好的大自然面前，有这样一些方法可以去探索昆虫的多样性。希望更多的人能走进自然，亲近自然，去享受发现的欣喜和多样性的美妙。

编者

2018 年 6 月于上海

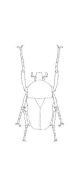

目录

写在前面

为什么要认识昆虫？

天空中飞舞的蝴蝶，花朵上忙碌的蜜蜂，池塘边停憩的蜻蜓，树枝上吓人的毛虫，夏日里喧闹的知了，秋日里弹琴的蟋蟀，挥舞着大刀的螳螂，顶着大角的独角仙，扰人吃饭的苍蝇，偷偷吸血的蚊子，夜里鬼鬼祟祟的蟑螂……这些日常生活中常会出现的身影都属于昆虫。虽然和人类相比，昆虫的体型较小，但这些小家伙们却和我们的生活有着密切的关系。

有些昆虫例如蚊子、跳蚤、虱子等，它们吸食动物的血液，包括人类。它们吸血饱餐之后会不仅留下很痒的小包，还可能传播一些疾病。有些昆虫例如苍蝇、蟑螂等，它们偷吃人类的食物，虽然消耗的食物不多，但凭此传播的细菌可能使人们致病。认识了解这些卫生害虫不仅能减少人类自身所受的滋扰，也能预防疾病。还有一些昆虫是仓储害虫，每年被它们取食或损坏的粮食居然能占到仓储粮食总量的三分之一。减少它们对粮食的消耗，对于口粮不足地区的人们来说有着重要意义。有些昆虫是人们尤其是孩子们喜爱的种类，蝴蝶、蜻蜓、甲虫为我们带来色彩或是形态上美的享受，知了和蟋蟀等昆虫音乐家发出的鸣声是我们童年夏日和秋夜不可或缺的记忆。有些昆虫例如蜜蜂、熊蜂是人类农业生产的重要助手，正因为它们辛勤地为植物传粉，作物才获得丰收。离开了它们，人类将面临粮食危机。此外，还有不少昆虫为人类提供了诸多生活所需的资源，例如蜜蜂的蜂蜜、蚕的丝和紫胶虫的虫胶等。

　　更多的昆虫与人类的关系或许没有上述的那样直接紧密，但作为整个食物链上较低的环节，它们总是或大或小，以我们已知或未知的方式平衡着整个生态系统，使所有的生命形式包括人类从中受益。因此，认识和了解昆虫不仅是为了人类更健康地生活以及获得更多的农作物，也是为了在生活中获得更多的美和乐趣，更是为了了解整个生态系统中各个环节的相互关系，借以让所有的物种在人类社会日益发展的地球上和谐地共存下去。在这个认知的过程中，人类还获得了很多意外的收获，例如受蜻蜓的翅痣启发解决机翼翼颤的问题、模仿闪蝶鳞片结构开发的纸币防伪技术等。作为地球上种类最繁多的动物类群，人类目前已经命名了约90万种昆虫，占所有已知动物种类的3/5。但这只是地球上现存昆虫种类中的一小部分，全部昆虫种类的数量据推测可能有约600万种。随着对已知昆虫认识的深入以及更多昆虫新物种的发现，我们一定会从昆虫身上获得更多的启示。

红蝽交尾

为什么要采集制作昆虫标本？

也许有人会认为认识和了解昆虫未必需要采集和制作标本，尤其是在影像记录技术发达的今日，在野外进行图像视频记录不也能认识昆虫吗？诚然，使用影像记录方式能获得

马蜂与巢

不少有用的信息，然而单单通过这种方式来记录昆虫却最终可能连种类都确定不了。因为昆虫通常体型较小而且种类数量惊人，仅仅在人类已经认识的昆虫种类中（约 90 万种），许多近似种类之间的区分往往是依靠体视镜或显微镜才能清楚观察到的细小特征，甚至必须通过解剖才能准确鉴定种类。正因为如此，动物命名法规定任何动物新物种的发表必须指定模式标本以及模式标本的存放地，以便后来的研究者在存疑的情况下能通过检视模式标本来澄清该物种的特征。

除了发表新的昆虫物种需要基于标本，要想了解已被命名的昆虫物种也需要大量的标本。所有的物种都存在着种内变异，如同人有着高矮胖瘦一样，只有大量的标本才能真正反映一个物种在形态或者遗传分子特征上的变化范围。除了

昆虫标本本身，用于研究的标本还附有详细的采集标签，包含了具体的采集地点、采集时间、采集方法、采集环境等。只有通过对大量标签信息的分析，人们才能了解昆虫的发生规律和分布范围等信息。因而，时至今日采集和制作昆虫标本依然是昆虫研究过程中基础而又必需的工作。

角蝉群聚

昆虫会因为被采集制作标本而灭绝吗？

与哺乳动物相比，昆虫采取了一套完全不同的生存策略：体型小，生长迅速，繁殖力强，后代死亡率高。这意味着昆虫只需有少量个体幸存就可以在条件适宜时极迅速地增加个体数量，而这也是昆虫之所以在动物界中物种数量和生物量均占据压倒性优势的主要原因。在整个食物链中，昆虫通常处于较低的环节，它们为各种掠食动物提供了食物。和大自然中诸多的昆虫捕食者相比，因人类采集昆虫标本而损失的昆虫数量如同九牛一毛，所以昆虫（除个别种类）并不会因为人类的标本采集活动而濒危灭绝。不过，具有强大生殖能力和种群恢复能力的昆虫却对环境非常敏感，它们虽然不会因为人类的采集活动灭绝，但却会因人类改变其栖息地的环境而灭绝。许多昆虫因扩散能力较弱而分布狭窄，一小片森林的消失就足以毁灭整个物种。人类对地球生态环境的破坏，尤其是热带雨林的砍伐，导致每天约有 100 种物种灭绝，其中大部分是昆虫。这个灭绝速度远远快于新物种发现的速度。据科学家推测，地球上现存的昆虫大约还有 500 万种尚未被人类发现和命名，而其中的许多种类也许在被人类采集到标本之前就会灭绝。

　　因此昆虫标本的采集活动不仅不会使昆虫灭绝，相反这是人类了解和保护昆虫以及它们赖以生存的生态环境的重要途径。如果我们不能守护这些生态环境，那么保存记录下这些地球上曾经存在过的生命形式是我们最基本的责任和义务。这些标本不仅永远会是人类认识自然的历史过程中的惨痛教训，也将会是敦促我们在未来做出改变的重要例证。

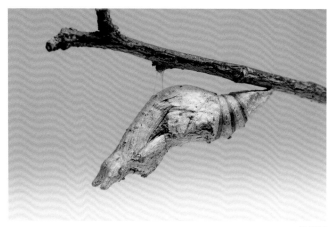

凤蝶蛹

什么是昆虫？

　　作为节肢动物门成员的昆虫，与其他节肢动物们一样都具有分节的身体和附肢（足和触角），这一特征可以区别于其他无脊椎动物。生活中常见的蚯蚓、蜗牛、蛞蝓（鼻涕虫）等都不是节肢动物，更不是昆虫。

　　在节肢动物门内，我们可以通过几个特征将昆虫（成虫）辨识出来：身体分为头部、胸部和腹部，头部具有 1 对触角，通常还具有 1 对较为发达的复眼，胸部具 3 对足和 2 对翅。其他常见的节肢动物例如蜘蛛、蜈蚣、马陆（千足虫）、虾蟹等都不符合上述特征。

　　有时，昆虫成虫的翅亦可能缺失，例如蚂蚁的工蚁是不具翅的。在寄生性的昆虫中，成虫常常不具翅，例如跳蚤和虱子等。此外一些生活环境或生活史较为特殊的昆虫中，它们的成虫也可能不具翅或翅退化，例如蓑蛾科和雌光萤科等的雌成虫保持幼期形态而不具翅。一些昆虫成虫的翅看起来像是只有 1 对，例如双翅目的苍蝇、蚊子，半翅目的雄性介壳虫等。这是由于它们的后翅或前翅特化成为 1 对很小的平衡棒，以至于不仔细观察的话很难发现。而生活于高海拔、海岛或是洞穴的昆虫，往往也会出现较多翅退化的种类。尽管昆虫成虫的翅有可能发生特化或者退化，但具翅仍然是昆虫可与其他节肢动物加以区别的重要的特征。我们也可以通过这样一句话来辨识多数昆虫（成虫）：在无脊椎动物中，唯一具翅能飞行的动物类群就是昆虫。

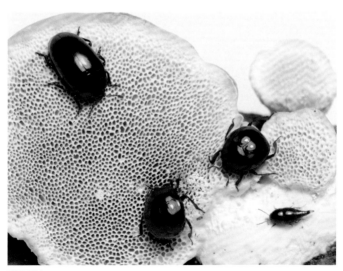

嗜菌甲虫

常见的昆虫类群

不同的昆虫类群，它们的采集方法和标本制作方法是有一定区别的，因而在介绍昆虫标本的采集和制作之前，了解昆虫主要类群是很有必要的。

从分类系统上看，昆虫属节肢动物门下的一个纲，其下还分不同的目。现存的昆虫一般分为 30 个目，下面就常见的 13 个昆虫目成虫的特征和生活习性作简单的介绍。

I. 蜉蝣目：统称蜉蝣

前翅大，后翅小，腹末有 1 对细长多节的尾须，有时还具 1 条中尾丝。稚虫水生，稚虫期长达一至数年。羽化后成为具飞行能力的亚成体，之后再一次蜕皮为成虫。羽化后由于口器退化不进食，因而寿命较短，一般在 1 周左右。亚成体和成虫多在溪流、湖泊等水体周围停憩，具趋光性。

蜉蝣 *Ephemera* sp.

2. 蜻蜓目: 包括蜻蜓和豆娘 (螅) 等

身体细长,复眼发达,触角小,刚毛状,翅发达,具翅痣和发达的网状翅脉。雄成虫腹部第 2、3 节腹面具发达的次生殖器。稚虫水生,成虫捕食各种昆虫,一般在溪流、湖泊等水环境周围较容易发现。

蜻蜓类的种类通常体型较大而强壮,停憩时双翅平展在身体两侧,复眼较大,两眼相连或接近。

豆娘类种类通常体型较小而纤细,停憩时双翅竖立在身体背侧,复眼较小,两眼分离较远。

网脉蜻 *Neurothemis fulvia* (Drury, 1773)

鼎异色灰蜻 *Orthetrum triangulare* (Selys, 1878)

黄狭扇螅 *Copera marginipes* (Rambur, 1842)

碧伟蜓 *Anax parthenope julius* Brauer, 1865

透顶单脉色蟌 *Matrona basilaris* Selys, 1853（雄）

3. 蜚蠊目：包括蟑螂和白蚁

蟑螂通常体形扁平，前胸背板发达盖住头的大部，一般为夜行性，多在落叶层、树皮下、灌丛中活动。

除了若虫（指不完全变态昆虫的幼期），一些蜚蠊的雌性成虫也不具翅。

白蚁体型较小，头部较大，触角念珠状。社会性昆虫，有繁殖蚁、工蚁和兵蚁之分，通常在朽木和土层中活动。注意：白蚁和蚂蚁分属不同目，相差甚远。

有些白蚁的兵蚁在头部具有一个突出的腺体，能利用喷射出化学物质进行防御。

龟蠊 *Corydidarum* sp.（雌）

淡边玛蠊 *Margattea limbata* Bey-Bienko, 1954

大白蚁 *Macrotermes* sp.（兵蚁和工蚁）

象白蚁 *Nasutitermes* sp.（兵蚁）

中华大齿螳 *Odontomantis sinensis* Giglo-Tos, 1915

4. 螳螂目：统称螳螂

头部三角形，前胸极度延长，前足为捕捉足，卵包覆在卵鞘内，通常在植物叶片或树干上等候猎物。

螳螂的卵包覆在卵鞘中，外形相似的螳螂，如狭翅大刀螳螂和中华大刀螳螂，它们的卵鞘的形态则可能区别较大。

中华大刀螳螂 *Tenodera sinensis* Saussure, 1842（卵鞘）

狭翅大刀螳螂 *Tenodera angustipennis* Saussure, 1869（卵鞘）

5. 直翅目：包括蝗虫、菱蝗、螽斯、蟋蟀、蝼蛄、蚤蝼等

前胸背板一般呈马鞍状，前翅皮革质（覆翅），后翅膜质，后足发达，为跳跃足，雄性前翅常具发音器，雌性常具发达的产卵器。蝗虫、螽斯等一般生活于植物上，菱蝗和蚤蝼等一般活动于地表或树干，蟋蟀和蝼蛄一般在石块下、土层中或树皮下生活。

蝗虫触角粗短，长度通常短于身体的一半，听器位于腹部基节，部分种类可以通过后足与翅摩擦发声。

螽斯的触角细长，通常远长于体长，雄性鞘翅一般具发音器，通过两翅摩擦发音，雌性腹部多具有刀剑状的产卵器。

花胫绿纹蝗 *Aiolopus tamulus* (Fabricius, 1798)　　素色似织螽 *Hexacentrus unicolor* Audinet-Serville, 1839（雄）

一般认为蟋蟀包含在广义的螽斯中。它们的发声方式、听器位置（前足胫节）、交配行为等与螽斯相似，但跗节数少一节（三节）、尾须更发达，前翅折叠顺序与螽斯相反（右翅在上，左翅在下）。

黄脸油葫芦 *Teleogryllus emma* (Ohmachi & Matsuura, 1951)（雌）

有些蟋蟀（蝼蛄）的前足特化为挖掘足用于挖掘洞穴。

东方蝼蛄 *Gryllotalpa orientalis* Burmeister, 1838

迷卡斗蟋是中国传统文化民俗中竞斗的蟋蟀。迷卡斗蟋的雄性成虫为了争夺领地和雌性而与其他雄性大打出手，有时甚至会因此战死当场。

竞斗中的雄性迷卡斗蟋 *Velarifictorus micado* (Saussure, 1877)

雄性迷卡斗蟋的前翅大而透明，能摩擦鸣叫。

迷卡斗蟋 *Velarifictorus micado* (Saussure, 1877)（雄）

雌性迷卡斗蟋的前翅小而不透明，不能发声，腹部末端的两根尾须中间有一根长矛状的产卵器。

迷卡斗蟋 *Velarifictorus micado* (Saussure, 1877)（雌）

6.䗛目：统称竹节虫

后胸与腹部第 1 节愈合，体细长，模拟植物茎秆，或体宽扁模拟叶片（叶䗛），生活于林间植物叶片上或林下落叶层，以叶片为食。

尽管䗛目昆虫被统称为竹节虫，但其实绝大部分竹节虫并不会在竹子上生活，也不取食竹叶。

日本新棘䗛 *Neohirasea japonica* (de Haan, 1842) （雌）

竹节虫中叶䗛科的种类模拟树叶，是美丽又较少见的昆虫，在我国仅分布于云南、广西、海南、西藏等地的低地雨林中。

藏叶䗛 *Phyllium tibetense* Liu, 1993 成虫（左，雌）和若虫（右，雌）

7. 半翅目：包括蝽和蝉

蝽类刺吸式口器从头的前端伸出，触角发达，中胸小盾片发达，前翅一般基半部为革质，端半部为膜质，腹部具有臭腺。一般生活于植物上，也有活动于水体、地表、树皮下或室内吸血的种类。

桑宽盾蝽 *Poecilocoris druaei* (Linnaeus, 1771)

暗绿巨蝽 *Eusthenes saevus* Stål, 1863

有一些蝽类因为巨大的小盾片挡住了翅而形似甲虫，但可以根据小盾片并不具有沿中线的缝、触角节数较少和刺吸式口器而与甲虫区分。

蝉、木虱、蚜虫、介壳虫等（曾作为同翅目）口器从头下后方伸出，触角刚毛状或丝状，前后翅质地均一（有时无翅或仅前翅明显如雄性介壳虫），多吸食植物或真菌汁液。

蝉科的种类体型较大，雄性腹部具有发音器，能发出鸣声。

木虱、蚜虫、介壳虫等许多种类在吸食植物汁液时会将多余的水分和糖排出，在体末形成蜜露。

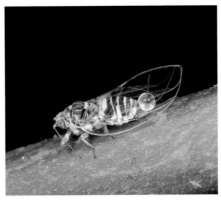

梧桐木虱 *Thysanogyna limbata* (Enderlein, 1926)

大鼻草蝉 *Mogannia nasalis* (White, 1844)

草履蚧 *Drosicha sp.*

一些介壳虫和蚜虫等的种类甚至因为能提供蜜露而与蚂蚁形成共生关系，获得蚂蚁的保护。

9. 广翅目：包括泥蛉、鱼蛉和齿蛉

体型较大，前口式，上颚发达，触角较长，前胸背板呈方形，前后翅均发达。幼虫水生，成虫多停憩在水域附近的植物上，吸食发酵树汁等，具趋光性。

广翅目昆虫的幼虫均为水生，对水质有较高的要求。

普通齿蛉 *Neoneuromus ignobilis* Navás, 1932

属模巨齿蛉 *Acanthacorydalis asiatica* (Wood-Mason, 1884)（雄，幼虫）

9. 脉翅目：包括草蛉、蚁蛉、螳蛉等

复眼发达，触角长，前后翅相似，膜质透明，翅脉网状。成虫多活动于植物表面捕食其他昆虫，常具趋光性。

通草蛉 *Italochrysa* sp.

一些脉翅目昆虫，如蝶角蛉和蚁蛉，外形与蜻蜓有些类似，但是根据长而明显的触角可以较容易地与蜻蜓区分。

螳蛉科的种类因为前足为捕捉足而与螳螂稍有相似，但两者在前足的结构、前翅以及触角等有较明显的区别。

色锯角蝶角蛉 *Acheron trux* (Walker, 1853)（雌）

东螳蛉 *Orientispa* sp.

10. 鞘翅目：统称为甲虫

它是昆虫中种类最多的目，一般前翅为鞘翅，坚硬，后翅膜质，休息时折叠于鞘翅下，也有较多后翅退化的种类。

种类极多，活动于各种生境，部分种类具趋光性。

甲虫中不乏大型威武的种类，例如锹甲和犀金龟的雄虫多具有威武的上颚或角，是昆虫爱好者热衷收藏的类群。

但是在采集和收藏的过程中应注意避免涉及保护物种，包括彩臂金龟（属）、拉步甲和硕步甲等。

扁锹甲 *Dorcus titanus platymelus* (Saunders, 1854)（雄）

阳彩臂金龟 *Cheirotonus jansoni* (Jordan, 1898)

拉步甲 *Carabus lafossei* (Feisthamel, 1845)

硕步甲 *Carabus davidis* (H. Deyrolle & Fairmaire, 1878)

II. 双翅目：包括蚊、蝇和虻等

体型多数较小，口器刺吸式或舐吸式，复眼发达，后翅特化成平衡棒。成虫多取食腐败物或吸食植物汁液，也有较多访花或捕食性种类，少数种类吸动物血液。

双翅目的幼虫取食腐殖质的较多，但也有寄生于其他昆虫的，如寄蝇。

虻类昆虫的成虫有较多为捕食性种类，如食虫虻、舞虻等。

蚊类一般触角较长，其中大蚊科的种类极多，且因体型大而易被发现，它们对人是完全无害的。

寄蝇科 Tachinidae 种类

食虫虻科 Asilidae 种类

马氏普大蚊 *Tipula maaiana* Alexander, 1949

12. 鳞翅目：包括各类蛾和蝴蝶

触角丝状、球杆状、羽毛状等，口器多为虹吸式，翅上被有鳞片。访花种类较多，也有吸食树汁或腐败物的，夜行性种类具趋光性。

尽管在称呼上常将鳞翅目昆虫分为蝶类和蛾类，但从分类角度上看，两者完全不是对等的单元：蝶只是鳞翅目中很小的一个部分。

樗蚕蛾 *Samia cynthia* (Drury, 1773)

斐豹蛱蝶 *Argyreus hyperbius* (Linnaeus, 1763) （雄）

弄蝶虽然名称中有蝶，但从分类角度而言，它们实际属于日行性的蛾类。

隐纹谷弄蝶 *Pelopidas mathias* (Fabricius, 1798)

麝凤蝶 *Byasa mencius* (C. & R. Felder, 1862)

榆凤蛾 *Epicopeia mencia* Moore, 1874

　　一些蛾类会在形态上模拟有毒的蝴蝶借以保护自己，但通过触角的形态能较容易区分：蝶类的为锤状，蛾类的则为羽毛状、丝状等。

产卵中的日本褶翅小蜂 *Leucospis japonica* Walker, 1871

13. 膜翅目：包括蜂和蚁

触角发达，口器咀嚼式或嚼吸式，翅膜质，前翅大，后翅小，飞行时以翅钩列相连。雌虫产卵器发达，锯状、管状、针状等，在高等类群中特化为螫针。访花种类较多，亦有较多捕食育幼的种类，蚁类常为蚜虫等昆虫排出的蜜露吸引。

寄生性的类群常可以在寄主附近找到，例如寄生蛀木类甲虫幼虫的，常可以在木材附近发现雌虫。

胡蜂、蜜蜂和蚁是较高等的类群，部分为真社会性昆虫，具筑巢习性，群体成员有品级分化。

双节行军蚁 *Aenictus* sp.

昆虫标本的采集

　　昆虫标本的采集是昆虫学研究的基础，也是激发研究兴趣和热情的重要阶段。由于昆虫种类多、数量大，栖息环境十分多样，要想较全面采集到各种类群的昆虫并非易事。而采集到不同类群的昆虫，需要使用不同的保存处理方法才能制作成可长期保存的标本。下面将详细介绍昆虫标本采集的常用方法。

一、采集用具的准备和标本的临时处置

在出发采集标本之前，一般需根据要采集昆虫的主类群以及使用的主要采集方法携带采集用具和化学药剂，例如网、镊子、快餐盒、自封袋、毒瓶、手电等。采集到标本之后，根据具体的标本种类和未来使用的目的用不同的方法进行临时处置和保存。两者发生时间并不相同，但因为涉及共通的用具，所以下面为避免重复赘述一并介绍常用用具的准备方法和相应的采集到标本后临时处置方法。

（一）吸虫管的制作

采集小型昆虫时，吸虫管是必不可少的工具。使用吸虫管不仅能极大地提高采集效率，而且能很好地保证小型昆虫虫体的完整性。一般市场上并没有吸虫管的成品出售，这里介绍一种自制吸虫管的方法。

制作需要工具和材料：锯子、锉刀、美工刀、剪刀、解剖针、镊子、打火机、酒精灯、热熔胶枪和胶棒、棉绳、医用硅胶管（内径5毫米，外径8毫米或9毫米）、无纺布（湿纸巾干燥后即无纺布）、50毫升离心管2支、0.5毫升离心管1支、2毫升离心管1支、透明胶带、塑料包装纸（具一定硬度）。

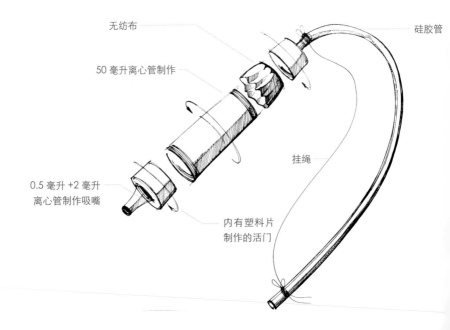

无纺布

硅胶管

50毫升离心管制作

挂绳

0.5毫升+2毫升
离心管制作吸嘴

内有塑料片
制作的活门

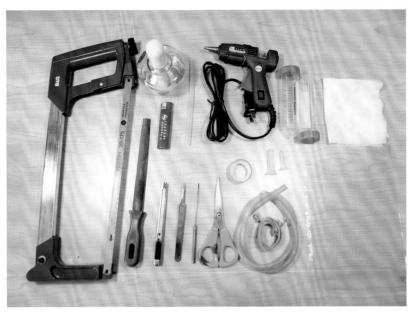

吸管虫制作的材料与工具

01. 用锯子将两根 50 毫升离心管在中间约 35 毫升刻度线处拦腰截断，留用具盖的一半。

02. 用锉刀将两端的截面修平整后，再用热熔胶枪在两段 50 毫升离心管外壁打胶拼接。

03. 用酒精灯加热热熔胶棒后，在两段离心管内壁接口附近涂抹适量的热熔胶。

04. 用酒精灯加热镊子柄，然后用镊子将离心管内外壁的热熔胶摊平，吸虫管的管体就完成了。

05. 将镊子尖烧烫后在离心管盖中央旋转戳出一个孔洞。

06. 将剪刀一侧刀刃插入孔洞，旋转后扩大孔洞。孔洞位置可稍偏离盖子的圆心，避免后期安装的塑料盖片与 50 毫升离心管内壁碰触。

07. 扩大的孔洞以刚好能卡住2毫升离心管中段为宜。

离心管盖

2毫升离心管

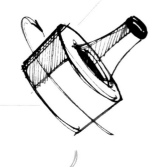

08. 用美工刀切除2毫升离心管的管底以及0.5毫升离心管的管底和管口,用剪刀剪去2毫升离心管的封盖。

09. 将0.5毫升离心管塞入2毫升离心管,使其恰好能够卡住,组成套管。

10. 将塑料包装纸翻折（翻折后的两层塑料纸重叠部分的宽度应大于2毫升离心管管口），用解剖针挑取少量熔化的热熔胶，均匀地涂抹在两层塑料纸之间的折痕附近，随后用烫热的解剖针在塑料纸折痕附近烫出一排小孔以固定两层塑料纸。

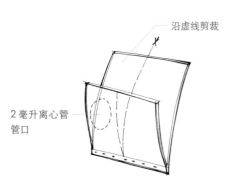

沿虚线剪裁

2毫升离心管
管口

11. 依照2毫升离心管管口的大小，剪下双层塑料纸，用于制作套管的塑料盖片（活门）。

将双层塑料纸片打开，放在套管中2毫升离心管口一端，一侧的塑料纸片能完全封闭住管口则可以进行之后的操作。

12. 将准备贴于套管管壁的一侧塑料纸片修剪成细长条状，并将折痕两端的直角修剪成圆弧状（避免在后期安装时与50毫升离心管的内壁接触）。

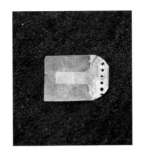

直角修剪成圆弧状

修剪成细长条状

13. 将塑料纸片修剪窄的一面用透明胶带粘贴于套管的2毫升离心管管壁，使得塑料纸片较宽的一面刚好能完全封闭2毫升离心管的管口，随后修剪去覆盖管口塑料纸片多余的尖角。

14. 将安装好塑料盖片的套管插入50毫升离心管盖，将管盖安装上50毫升离心管后进行微调：旋转套管以及修剪塑料盖片凸出部分，使得塑料盖片完全不与50毫升离心管内壁接触，然后在管盖外侧用热熔胶枪打胶进行固定。

15. 用热熔胶将管盖和 2 毫升离心管以及套管中间的连接部位全部覆盖后，再用加热的镊子柄将热熔胶摊平整，吸虫管的管头部分就完成了。

16. 另取一根 2 毫升离心管制作吸虫管尾部。剪去管盖，切除管底，塞入扩孔后的另一个 50 毫升离心管盖。这里管盖的孔比管头的稍大，以恰好能将 2 毫升离心管完全插至管口下方为宜。

17. 在 2 毫升离心管的管口涂上适量热熔胶，插入 50 毫升离心管盖后抽紧。

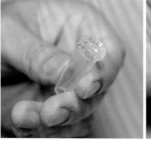

18. 在 50 毫升离心管盖外侧与 2 毫升离心管连接处打胶固定。

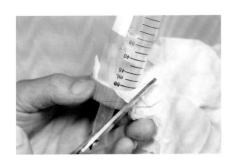

19. 将管盖隔着无纺布装上吸虫管管身，剪去多余的无纺布，管盖外露出少量无纺布即可。

20. 待热熔胶冷却后，小心地将尾部的 2 毫升离心管插入医用硅胶管，吸虫管就完成了。硅胶管长度一般与使用者的臂长近似。

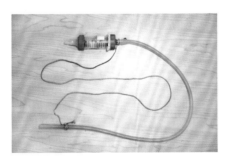

21. 为使用方便，一般还需在吸虫管尾部和硅胶管末端系上棉绳，将吸虫管悬挂在脖子上使用。

22. 使用吸虫管时，将硅胶管末端放入口中，手持吸虫管将头部对准小昆虫，突然吸气（类似吧嗒嘴唇）就能将昆虫吸入管中，塑料片制作的活门仅在吸气时打开，可防止管内的昆虫逃走。吸虫管内的昆虫积累到一定数量后，旋开后端的封盖将虫倒入毒瓶。

（二）　毒瓶的准备和使用

　　除鳞翅目、蜻蜓目等翅较大且容易损坏的昆虫，采集到的昆虫一般均可以使用毒瓶毒杀并作短期保存（数周）。将餐巾纸揉成团后，光滑面朝外，塞入离心管，并借助镊子末端等用具将餐巾纸塞紧后即制成毒瓶。一般使用50毫升的离心管制作毒瓶，采集体型特大的甲虫需另外使用口径更大的离心管或玻璃瓶制作毒瓶。在管中倒入作为毒剂的乙酸乙酯，让管底的餐巾纸充分吸收液体，以最底部的餐巾纸也完全湿润且瓶内没有残余液体为标准。此外，也有在毒瓶内加入适量细竹丝的做法，以减少昆虫死亡挣扎时或是毒瓶晃动时标本损坏的可能性。

　　乙酸乙酯是目前最为广泛使用的毒剂，它不像氰化钾般剧毒，对人体基本无害（尽管如此，添加乙酸乙酯时仍推荐在通风处进行，并在完成后尽快盖上瓶盖），同时它具有较为合适的挥发性，使得毒瓶既具有较好的毒杀昆虫的能力，也具一定的使用持久性。最重要的是，由它处死的昆虫肢体回软性能较好，便于日后调整姿态或是解剖研究。

　　使用毒瓶时，处死不同体型的昆虫需使用不同的毒瓶，以避免昆虫在挣扎时损坏毒瓶中的其他标本。处死撕咬能力较强的种类时，一般需放置在单独的空毒瓶中使其丧失活动能力后，再将它倒入其他毒瓶。一些大型甲虫对乙酸乙酯的抗性较强，在毒剂浓度不够或者在毒瓶中放置时间不够的情况下，取出一段时间后可能会复苏爬走。大型的甲虫被乙酸乙酯毒杀后会出现一段肢体关节僵硬的时期，随后再慢慢变软。因此

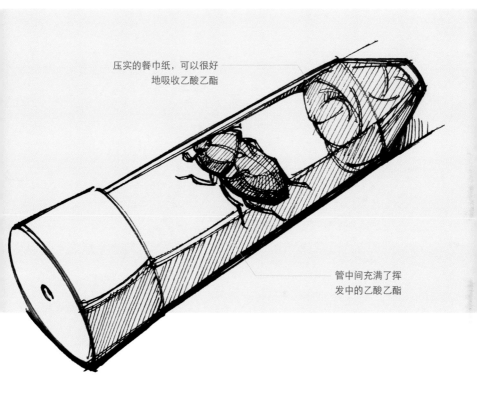

压实的餐巾纸，可以很好
地吸收乙酸乙酯

管中间充满了挥
发中的乙酸乙酯

一般如需另做保存时，需在乙酸乙酯毒瓶中放置足够时间（数个小时），待关节软化后再取出。乙酸乙酯对昆虫的化学色有较强的破坏作用，所以螳螂目、直翅目和半翅目等昆虫处死后应及时拿出，以免严重褪色。此外，乙酸乙酯能溶解塑料和泡沫塑料，因而不能将毒瓶中的标本直接倒在泡沫板上。制作标本时需将标本倒在木质桌面或纸张上，等数分钟待虫体上的乙酸乙酯挥发后再放置于泡沫板上进行标本制作。

为防止标本褪色，也有用二氧化硫作为毒剂使用的。将等量的一水柠檬酸晶体和亚硫酸钠晶体包裹在餐巾纸内塞入离心管制成毒瓶，滴入少量的水后毒瓶内即发生化学反应，产生二氧化硫气体，用以毒杀昆虫。

（三）　三角袋的制作和使用

　　鳞翅目昆虫的鳞片容易脱落，所以一般单独保存在三角袋中。三角袋用光滑的硫酸纸制作，能最大限度地保护鳞片。蜻蜓目、脉翅目等昆虫虽然翅上无鳞片，但翅宽大而脆弱，捕获后也应用三角袋保存。

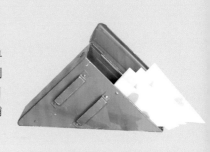

　　三角袋的制作步骤如下：

01. 将硫酸纸裁剪成长方形（大小可根据实际情况自行调整，此处纸张的长边约 14 厘米，仅做参考）。

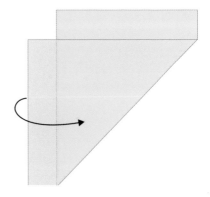

02. 如图沿斜线方向对折，两侧各留出一条宽边。

03. 将两条宽边翻折，包住三角袋的边缘，形成封闭空间。

04. 将斜边一侧露出的小三角翻折，进一步封闭三角纸袋。

05. 将斜边另一侧露出的小三角翻折,封闭的(直角)三角纸袋就完成了。

06. 不同的翻折方向能制作出两种互成镜像的三角袋,一般推荐折叠相同朝向的三角袋,方便使用时拿放。

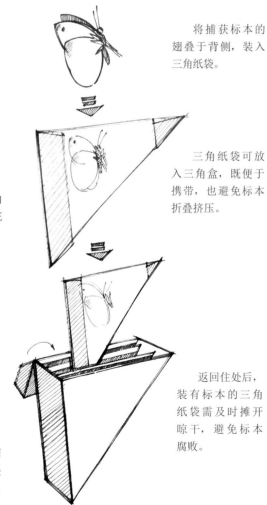

将捕获标本的翅叠于背侧,装入三角纸袋。

三角纸袋可放入三角盒,既便于携带,也避免标本折叠挤压。

返回住处后,装有标本的三角纸袋需及时摊开晾干,避免标本腐败。

（四） 常用标本保存方法和材料准备

毒杀的昆虫标本除存放于毒瓶短期保存外，一般可以分类装于离心管内，并加入医用酒精，贴上标签长期保存。管内的昆虫数量过多时，体液会稀释酒精，一般几日后需更换一次酒精。除需进行基因测序的标本外，一般不使用纯酒精或高浓度酒精，防止标本的关节硬化。为保持标本足够的柔软度，可以在离心管加入医用酒精后滴入几滴醋酸。

除了使用离心管保存标本以外，用塑封袋或者纸包保存标本也是比较常用的方法。可在小型自封袋内装入化妆棉，待采集到昆虫标本后，用镊子将标本装入，再倒入适量医用酒精，封闭袋口即可。

另有一种纸包法可临时使用，如图将纸张三折后包覆化妆棉等有类似厚度的吸水软质材料和昆虫，将稍窄的一端插入稍宽的一端做成纸包即可。纸包与三角袋一样，装入标本后需要及时摊开晾干。干标本在取出时容易被化妆棉勾住爪，小型标本一般可使用餐巾纸替代化妆棉，避免取出标本时的损伤。

优质的标本制作始于采集保存。在自封带和干纸包保存法中，如果时间充分，可以在保存时将湿标本的姿态用镊子摆放规整。因为不少标本干燥后再还软整姿时，肢体容易逐渐回弹到干燥时的状态。

也有将标本的附肢收紧，待标本干燥后用塑料纸和订书钉把标本包装在垫有餐巾纸的硬卡纸上进行较长时间保存，采集信息写于卡纸背面。这种方法较为繁琐，野外采集中并不实用。但因其在标本交换、买卖、邮寄等过程中便于保存和保护标本，常为昆虫标本商所用。

无论是哪种标本的保存方法，将详细的采集信息随标本一同保存，以免日后遗忘或者搞混是非常重要的。标本带回后一般应放置在冰箱内保存，防止霉变或虫蛀。

二、采集方法

对于新手而言，去哪里采集或者是采集中有哪些关注点往往并不清楚。一般而言，南方热带和亚热带地区的（原始）森林，昆虫多样性最高；西部的山系如秦岭山脉、邛崃山脉等海拔落差大，植被较好，也是生物多样性的热点地区。如果没有特定的采集对象，不妨优先考虑上述区域。昆虫的种类繁多，不同的生境中生活着不同的种类，对应的采集方法也会有所不同。事先了解采集对象的生活环境，并针对性地选择生境和季节对于采集非常重要。发现不会飞或者不善飞的种类，用手也可以完成捕捉，但是使用一定的工具和方法采集，对采集大部分昆虫而言仍是必要的，下面就常用的采集方法作一些介绍。

（一） 观察和搜寻要点

注意观察对采集昆虫而言是非常重要的，它是所有采集方法的基础。通过观察不仅能发现采集到昆虫，更重要的是可以进一步归纳总结采集目标的发生规律和生活习性，这对于提高采集效率具有重要的意义。

许多昆虫具保护色或者拟态植物，所以对于采集者而言，发现它们需要较好的视力和对形状的敏感。

除了视力，经验对于采集也至关重要。在森林中采集时，森林边缘与开阔地交界处植物的种类多，光照充足，因而昆虫的种类，包括观赏类群，也相对较多。普通采集时，沿光照较好的小路、消防道或者沿山脊走动，注意观察路边的植物往往会有较好的效果。

除了观察植物，也可以留意路面，有一些昆虫如虎甲喜在路面活动。

被风吹至山顶台阶上的丸甲科 Byrrhoidae 种类

聚集吸食发酵树汁的花金龟亚科 Cetoniinae 种类

中南捷跳螳 *Gimantis authaemon* Wood-Mason, 1882 若虫，发现它需要一点运气

在路面上交尾的中华虎甲 *Cicindela chinenesis* Degeer, 1774

路边植物上发现的新物种：汤氏真鳖蠊 *Eucorydia tangi* Qiu, Che & Wang, 2017（正模）

由于植物遮蔽少，地面上往往还能发现一些偶然过路的昆虫。近十几年来，已知唯一的一头大卫两栖甲便是通过刷路的方式由友人毕文烜在峨眉山路面采集到的。地栖性的昆虫更容易在刷路时发现，如大步甲等。大步甲等大甲虫在路边爬行时往往响动较大，也有不少通过听觉发现它们的例子。

山路上的地栖性锹甲：华东阿锹 *Aulocostethus tianmuxing* Huang & Chen, 2013

公路边的排水沟内也会出现一些昆虫，尤其是大步甲等一些不会飞的昆虫，跌落路沟后常被困其中，难以逃脱。一些花金龟和犀金龟的幼虫也可能因为降雨冲刷跌落聚集在排水沟的堆积物内。

困在路沟中的疤步甲 *Carabus pustulifer* Lucas, 1869

林间诸多的人工设施由于表面便于观察也是随机发现昆虫的良好场所，如林间建筑物的墙面和墙脚往往会有随机路过或停歇的昆虫，室内的玻璃窗上也常会有被困住的昆虫。

林间建筑物墙脚的云南毒隐翅虫 *Paederus yunnanensis* Willers, 2001

被捕捉后假死的青蜂 *Chrysis principalis* Smith, 1874

在阳光充足的扶栏、石壁或是建筑的门框上，常会有蜂类活动，如寻找寄主的青蜂。

山顶是搜索各种昆虫的好地方。天气晴好时，许多昆虫起飞后会随风吹至山顶并落在山顶建筑的平台、扶手、墙脚处。不少栖息于树冠层的蝴蝶种类较容易在山顶的植物上发现，对于有特定低飞时间段的种类，往往需要清晨登顶守候采集。山路上的水池，尤其是风口附近的，在天气晴好时常会有飞来的昆虫落入，值得留意。

在广西猫儿山山顶巨石上发现的何氏深山锹甲 *Lucanus hewenjiae* Huang & Chen, 2013（正副模，下图左下）和在周围扶栏上发现的林氏出尾蕈甲 *Scaphidium linwenhsini* Tang & Li 2013（副模，下图右下）

沿着溪谷采集也是很好的选择。山涧溪流对附近植被以及环境温湿度的影响往往使得植物和昆虫的种类均较为丰富。在溪流的水中和岸边能发现各种水生昆虫，溪流中的大石块上也可能生活着一些特有的昆虫。

在溪流中涉水采集石块上的隐翅虫：大卫束毛隐翅虫 *Dianous davidwrasei* Puthz, 2016（副模，宁列摄）

天气炎热时，溪流边常有前来饮水的昆虫聚集，例如蝴蝶。不少蝶类的雄虫交配时会向雌性提供钠，所以它们常会在溪流的岸边聚集蝶饮富集钠盐。因而也有在溪流边人工撒盐甚至撒尿，再摆上几只蝴蝶尸体，吸引同伴前来的采集方法。

在溪流边吸水的各种蝴蝶（上）和景洪彩蝉 *Callogaeana jinghongensis* Chou & Yao, 1985（下）

　　路边或溪流边的大石块、朽木等遮蔽物下方常有躲藏的昆虫，如步甲、锹甲等。

路边石块下采集到的甲虫新种：浙江觅葬甲 *Apteroloma zhejiangense* Tang, Li & Růžička, 2011（副模）

与毛蚁共生的蚁甲 *Diartiger dentatus* Yin & Li, 2013（殷子为摄）

　　石块下或朽木内常能发现蚁巢，蚁巢中常有寄生或共生性的各类昆虫，如隐翅虫、棒角甲、蚁友蟋、穴蚜蝇等。有时为了尽可能多的采集蚁巢中的其他昆虫，可以将连带较多土的蚁巢挖回驻地慢慢分拣寻找目标。

石块下躲藏在棱胸切叶蚁巢中的跗花金龟：中华跗花金龟 *Clinterocera sinensis* Xu & Qiu, 2018（左）和黑斑跗花金龟 *Clinterocera davidis* (Fairmaire, 1878)（右）

除了翻找蚁巢采集蚁客外，一些蚁客会混迹在蚂蚁行进的队伍中，例如迁巢的行军蚁队伍末尾常混有隐翅虫、蚤蝇等。所以当地面上有行军或毛蚁等队伍时，可以仔细守候寻找，往往能有所收获。

在路面守候采集迁巢的双节行军蚁队伍中的喜双节隐翅虫属 *Aenictosymbia* 新种（未发表）

堆木也是一类非常重要的采集资源。在堆木中，尤其是堆积时间较长的堆木中，往往躲藏有大量天牛、长角象等蛀木类昆虫以及寄生蜂、地栖性直翅目昆虫等，可以将木材逐一搬开寻找。一般靠近下层的位置，昆虫数量较多。类似的林间倒木上也常会有蛀木类昆虫活动。

朽木上活动的粗粒巨瘤天牛 *Morimospasma tuberculatum* Breuning, 1939（左）和猫眼天牛 *Pseudoechthistatus* sp.（右）

除了倒木的表面会有昆虫停留，倒木树皮下也会藏有多种昆虫。一般可以用筛子或网接着将树皮剥下，寻找昆虫。

同一根朽木树皮下发现的新物种：宋氏短跗甲 *Sarothrias songi* Yin & Bi, 2018（下图左下，殷子为摄）和海南缺翅虫 *Zorotypus hainanensis* Yin & Li, 2015（下图右下，殷子为摄）

树干上吸食发酵树汁的肋花金龟 *Parapilinurgus sp.*

　　花朵往往能吸引大量访花的昆虫，如蝴蝶、蜂类、甲虫等，一般可以用网采集花上的各种昆虫。除了花朵之外，还有一些昆虫的食物也能吸引特定的昆虫，值得留意。夏季，一些树的树干伤口处流出具有浓烈发酵味的树汁，常会吸引锹甲、花金龟、蛱蝶、蚂蚁等前来取食。如果发现这样的树木，可以经常前往检查获得标本。

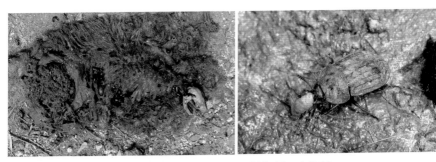

犬科动物的尸体（左）和其下发现的媪葬甲属 *Oiceoptoma* 新种（右，未发表）

　　尸体和粪便也常会吸引很多昆虫，如蜣螂、粪金龟、葬甲、隐翅虫、蝴蝶和各种蝇类等。不过由于这些污物含有的细菌较多，采集其中的昆虫时一般需使用长镊子捕捉并清洗干净后处死保存。较简易的清洗方法是将采集到的甲虫放在空瓶中，装入半瓶水，盖上瓶盖后上下震荡。往复更换几次水后可以将虫体表面的污物清除干净。

配合手电搜索朽木的阴暗面

　　许多菌类与朽木有很强的相关性，通过搜索朽木上的菌类，能采集到不少菌食性昆虫，如多生长在朽木阴暗面的多孔菌类。林间的光线一般较暗，即使在白天也很难看清朽木下表面是否有昆虫，所以携带照明设备是很有必要的。同时可配合网或筛子接在下方，防止昆虫假死掉落逃脱。

　　有些昆虫会钻到菌类子实体（蘑菇）内部取食，所以将蘑菇掰开检查也是很有必要的。不少生活在落叶层真菌上的昆虫对于响动比较敏感，受惊后会迅速钻入下方的落叶和土层中。采集时最好能迅速连同下方的落叶一同捧起，放在筛子中查找。

专食多孔菌的新种：吴氏出尾蕈甲 *Scaphidium wuyongxiangi* He, Tang & Li, 2008

躲藏在马勃菌子实体内的伪瓢甲科 Endomychidae 种类

取食竹荪的红胸丽葬甲 Necrophila brunnicollis (Kraatz, 1877)

就植食性的昆虫而言，了解它们的寄主植物对于采集对应的昆虫是非常重要的，但很多时候在野外观察到采集对象取食的植物我们并不认识，这时可以记住植物的大致长相或者采摘一些枝叶供之后比对，通过继续留意同种植物继而发现其他个体。寄主植物的学名可以通过照片记录，待日后查对鉴定。

在蔷薇科植物上进食的淡色距甲 *Temnspis pallida* (Gressitt, 1942)

在未知植物上取食的中华刀锹 *Dorcus sinensis* (Boileau, 1899)

即便是在城市之中，有时也能发现一些少见的种类或者个体，时刻保持一颗观察和探索的心对采集是非常重要的。

上海市区的黄脸油葫芦 *Teleogryllus emma* (Ohmachi & Matsuura, 1951)（雌雄嵌合体）

（二） 网捕法

网捕法是指使用各类昆虫网采集昆虫的方法。网由网柄、网圈和网袋三部分组成。针对不同的采集生境和采集对象，往往会采用不同规格与质地的网。

1. 普通昆虫网

网柄由轻质结实的材质制作，长度约 2 米，有时可分为可伸缩的 2-3 节；网圈选用 3 毫米直径的钢丝制作，网口直径一般 40 厘米左右；网袋一般可用白色纱帐，以便于观察和取出入网的昆虫，网袋长度一般是网圈直径的 2 倍，以防止入网的昆虫逃脱。捕捉大型蝴蝶的网通常使用更大的网口、非常柔软的网以及更深的网袋，以避免损伤蝶翅的鳞片。

使用昆虫网时，一般双手持网，网口迎向昆虫挥动。待昆虫落入网袋底部时，甩动网袋底部，将其反折至网口，封闭出路。在捕捉飞行的昆虫时，如第一网未能捕获目标，可用 8 字形挥网的方式补网，以增加后续捕获的概率。对于大蜓等飞行和变向速度极快的昆虫，可将网口朝上，择地等待其进入挥击范围后，利用其下方的视觉盲区，自下而上挥网捕捉。

昆虫落入网袋底部时，甩动网袋底部，将其反折至网口，封闭出路

用网采集花上的昆虫

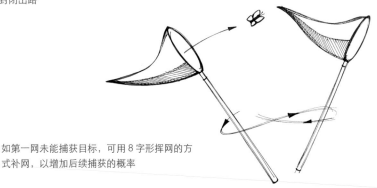

如第一网未能捕获目标，可用 8 字形挥网的方式补网，以增加后续捕获的概率

捕获昆虫后，如果捕到的是鳞翅目或蜻蜓目昆虫，应隔着网袋按捏昆虫中后胸，使其丧失飞行能力后取出装进三角袋，再放入三角盒保存。捕捉蝴蝶和蛾类时，尽量避免用手拿捏翅面损伤鳞片，取出昆虫时应手持其胸部。有些大型蛱蝶非常强壮，需用力按捏胸部，而采集一些大型蛾类如天蛾等时，需长时间用力按捏其胸部，更好的方法则是使用注射器在其胸部注入少量纯酒精处死昆虫。在捕捉具螫针的膜翅目昆虫时，可用毒瓶隔着网袋套住虫体，使其活力下降后用镊子取出装进毒瓶。

蝴蝶装进三角盒保存

用网捕获的新种：汤氏突眼实蝇 *Pelmatops tangliangi* Chen, 2010（正模）

将网接在朽木等的下方，防止假死的昆虫掉落丢失

2. 高网

除上述普通的昆虫网外，另有一类高网可以采集树冠层昆虫。高网的网杆长度可超过 8 米，结构类似鱼竿，分为可伸缩的数节，由重量轻材质韧的碳素材料制成。采集访花甲虫时，将网自下向上兜住花簇，用力抖动网兜后，扭转网口封闭网袋，快速放倒或收短网杆，将甲虫捕获。采集蝴蝶时，需瞄准对象快速扣下，但因为挥网速度和准确度上不及短杆昆虫网，采集难度相对较高，操作不当时容易损坏网头。热带地区有使用高网在开阔的山脊处等候从下方森林向上飞来的甲虫的采集方法。由于高网的挥网速度较慢，相较于白色的网袋，深色网袋和网杆更有利于不被昆虫发现从而提高采集的成功率。注意：由于碳素网杆导电，采集时务必远离空中架设的电线。

高网

3. 扫网

使用扫网是采集小型昆虫较为有效的方法，非常多的昆虫类群可以用此方法采集。扫网的网圈和网袋需采用极其坚韧的材质，网袋的深度以方便取出昆虫为宜。使用扫网时，通常缓慢前行，并将网用力来回扫过所经的植被，扫数十网后检视收集网底捕获的昆虫。

扫网

4. 水网

采集水生昆虫的水网为了便于刮取水底的沉积物，网头的形状是 D 字形的，网袋较浅、强度大、网眼密。除了直接捞取水体中可见的昆虫外，采集时主要将水底沉积物或水草等快速捞出，然后挑出水生昆虫。或者将沉积物置于筛子的底盘等容器中，加水后静置，待躲藏在其中的昆虫活动后将其发现捕获。在溪流水域采集时，也可在上游浅滩人为踩水，激起的底泥和水生昆虫顺流而下时，由下游等候的采集人将水网架在沉积物流经之处收集昆虫。在水浅的水体采集时，也常将具有手柄的面粉筛作为水网，采集方法类似 D 字形水网。

D 字形水网（上左和下），面粉筛（上右）

（三）振虫法

振虫法是一种利用部分昆虫的假死性用振虫布采集的方法。振虫布由十字形的竹制支架将一块约 1 平方米的方白布撑开构成。

振虫布及其使用方法

许多小型昆虫，如诸多小甲虫等，常隐蔽在叶片背面或活动在浓密的灌丛中，不易被发现。一般沿路采集时，将振虫布置于路边植物下方，用一根短棍敲打植物，使得昆虫掉落在白布上而容易发现和收集。通常在湿度大且温度低时，例如清晨，掉落的昆虫活性较低而不易逃离。

有些昆虫，如一些竹节虫、天牛、叶甲等，假死后的形态能极其逼真地模拟树枝、小木段、种子或者虫粪等，即使掉落在振虫布上有时也可能骗过缺乏经验的采集者。

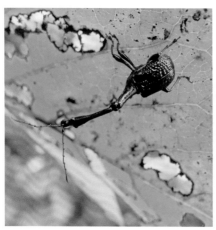

躲在叶片下方的栎长颈卷象 *Paracycnotrachelus longiceps* (Motschulsky, 1860)

正常停憩（上）和受惊掉落后模拟枯树枝（下中）的广西异瘤螀 *Pylaemenes guangxiensis* (Bi & Li, 1994) 若虫

采集时携带浅色的伞撑开后可替代振虫布使用。在既没有振虫布也没有伞的时候，将大口径的昆虫网网口向上，也可以做类似的振虫采集。使用网兜的缺点是不如振虫布方便，网袋容易被灌丛挂住，优点是可以防止掉落的昆虫飞走。

此外，振虫布也可充当承接的器具，检查朽木屑或是落叶中的昆虫。

使用雨伞振虫

在地面上使用振虫布

（四）筛虫法

筛虫法主要用于采集落叶层中的小型昆虫（以甲虫为主），通常配合吸虫管使用。筛子可选用厨房沥水筛或专用的虫筛。采集时将落叶等堆积物放入筛中用力抖动，使夹杂小昆虫的堆积物小颗粒落入筛网下层，而体积较大的堆积物则留于上层。拿开上层筛网后，仔细观察便可发现落下的昆虫，然后用吸虫管吸捕。筛子也可置于菌类、枯树和岩石苔藓下，将蘑菇、树皮和苔藓等快速抓入筛中筛捕昆虫。遇具假死性昆虫时，可将筛子置于虫的下方接住掉落的昆虫。捕捉水生昆虫时，筛子可用于承接水网捞上的水草或沉积物，随后筛捕或是加水捕捉水生昆虫。

在使用专用虫筛时，筛取落叶多次，当筛袋底部积累较多筛落物后，解开底部的绳结，将筛落物分批次倒出，每次将适量筛落物置于浅色的塑料膜或布上搜寻昆虫。专用虫筛的采集效率远高于普通筛子，但有时采集人容易错失一些特殊小生境的信息。

使用专用虫筛，筛落后装死的隆线隐翅虫 *Lathrobium* sp.

使用筛虫法采集到的新种：伪米突眼隐翅虫 *Stenus pseudomicuba* Tang, Puthz & Yue, 2016（副模）

由于专用虫筛的筛取效率极高，人工挑虫的效率较低，因而也常配合布漏斗分离昆虫。采集时，将当天的筛落物（通常数千克）装于收集袋中带回后分装于各布漏斗（布漏斗内有金属网格承接筛落物），然后扎紧袋口，将布漏斗悬挂在通风处。在其内部筛落物干燥的过程中，多数昆虫会向下逃窜，落入底部的塑料收集瓶。悬挂数日后，布漏斗通常能采集到袋内大部分昆虫，包括一些假死性极强或是肉眼难以发现的微小种类。为加快干燥过程，也可在漏斗内部上方安装一个灯泡，通过加热的方式加速采集过程。

悬挂的布漏斗

（五）诱捕法

诱捕法是指利用昆虫的趋光性或者习性进行采集的方法。比较常用的有灯诱法和巴氏诱罐法，此外还有黄盘诱集、化学诱剂法等方法。

1. 灯诱法

许多昆虫具有夜间活动的习性，并能被灯光吸引，因而灯诱成为采集夜行趋光昆虫最常见的方法。灯诱装置主要包括高亮度的汞灯、白色的幕布以及支架。灯上方可设置灯伞防雨，但亦会影响灯光照射面，幕

竹竿搭建的灯诱装置

布下方一般用绳索或者石块固定。灯诱地点的选择以及天气、温度等对灯诱效果有较大影响。一般天气闷热、月光被遮蔽时，选择面向良好植被山体的开阔地设置，灯诱效果最佳。自带收集器的灯诱装置中常采用黑光灯，应注意避免长时间紫外光照射对视力的损害。

除了就地取材使用竹竿等搭建灯架进行灯诱外，也可以将灯诱的白布平摊在地面，白布中央用三脚架或椅凳等架起灯进行灯诱，或是在屋檐下利用浅色的墙面作为幕布灯诱。此外，设计成帐篷式的灯诱装置具有较好的便携性和机动性。

三根树枝搭建的简易灯诱装置

帐篷式灯诱装置

各种由灯光吸引而来的大蚕蛾科（天蚕蛾科）Saturniidae 种类

　　被灯光吸引的昆虫中鳞翅目和鞘翅目昆虫占了绝大多数。值得注意的是，不同昆虫上灯的时间段以及在灯下的活动区域会有区别，有些种类仅在昼夜交替的黄昏上灯，有些种类被灯光吸引后仅在附近的弱光带活动而非直接停留在幕布上。

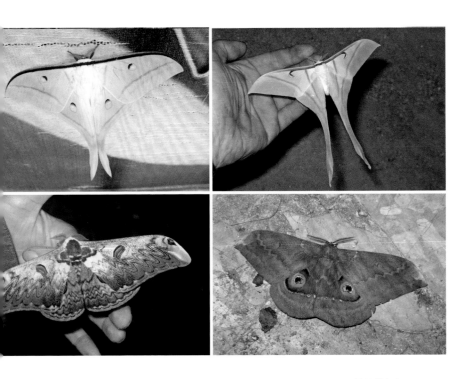

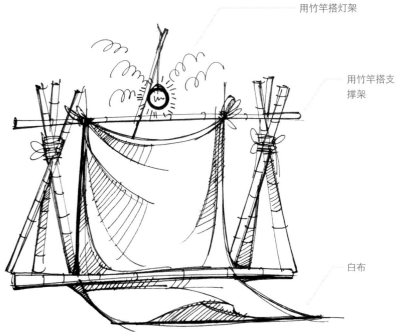

用竹竿搭灯架

用竹竿搭支
撑架

白布

2. 罐诱法

　　罐诱法通常指使用巴氏诱罐采集地栖昆虫的方法。设置陷阱时将一次性塑料杯垂直埋入土中，杯口与地面齐平，倒入巴氏诱剂（糖、醋、白酒1:1:1）。受诱剂吸引的昆虫，掉落陷阱后如无法垂直飞出则无法逃脱，淹死在杯内。一般每天或隔天需及时检查陷阱，收取昆虫，以防止昆虫腐败。受巴氏诱剂吸引的昆虫以步甲、隐翅虫、灶马等为主，有时也可加入蚕蛹粉提高对一些甲虫的吸引力。

　　除了甲虫外，巴氏诱罐还常能诱到地栖性的螽斯甚至食虫目的哺乳动物鼩鼱。

诱捕到大步甲的诱杯　　　　　　　　　　　装有蚕蛹粉和巴氏诱剂的诱杯

诱罐中捞出的糜螽亚科 Anabropsinae 新种（未发表）

如将诱剂改换成鱼肉，亦能采集众多食腐昆虫，如蜣螂、葬甲和球蕈甲等。在雨多的地区使用罐诱法采集需做好防雨措施，长期使用的诱杯通常较大且上方需安装防雨盖，短期使用的可以在一次性塑料杯体侧面距底部1厘米处戳一小孔用以排水，并在雨后注意补充诱液。注意：塑料在自然界很难降解，务必在采集结束后将一次性塑料杯全部收回。

用鱼肉作诱饵

被腐败的鱼肉吸引而来的蜣螂和粪金龟

一次性塑料杯

杯体侧面距底部1厘米处戳一小孔用以排水

诱饵

（六） 被动陷阱法

被动陷阱法是指在昆虫活动的区域设置静态陷阱随机捕捉路过昆虫的方法。一般此类陷阱需设置较长时间，期间定期检查并取出采集的昆虫。这类方法采集到的昆虫种类随机性较强，有时能采集到一些常规方法难以获得的种类。

1. 飞行阻断器

飞行阻断器是一种捕捉飞行甲虫为主的陷阱，利用这些昆虫无法看见半透明的塑料膜，在飞行过程中撞上薄膜后掉落的特点进行标本采集。飞行阻断器的结构由一张纵向悬挂的长方形塑料膜、上方的雨罩以及下方的收集盒组成。塑料膜和雨罩用牵引在附近植物上的绳索固定，收集盒内加入乙二醇（汽车用的防冻液的主要成分是乙二醇，可直接使用）杀死并保存昆虫。乙二醇除能淹死昆虫外，还具有防腐效果，掉落其中的昆虫可以保持数周不变质腐败。飞行阻断器的采集效率与塑料膜的面积正相关，所以通常较为大型，宽幅在1.5米至2米。这些大型飞行阻断器的使用时间可长达数月，一般两三天至一周检查一次，挑出落在收集盒中的标本。在挑选微小的昆虫标本时，可配合小型滤网，先将虫体和杂物滤出，带回附近住处后，置于液体中慢慢挑选，并最终保存在酒精中。

短期采集的飞行阻断器仅需最简易的结构，方便携带和架设。

半挂式的飞行阻断器

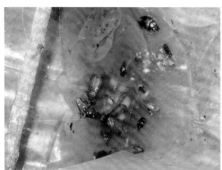
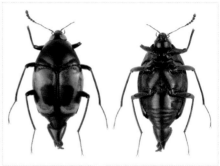

设置一天之后，飞行阻断器下方收集槽内获得以甲虫为主的昆虫，从中发现的新种：殷氏出尾蕈甲 *Scaphidium yinziweii* Tang & Li, 2012（正模）

具有顶棚的飞行阻断器可以防止雨水的干扰，适宜长期定点收集昆虫

2. 微型飞行阻断器

有时出于便携以及受采集时间的限制，也可以设置一些小型的飞行阻断器，但采集效率远不及大型飞行阻断器。飞行阻断器在温度较高且多样性高的地区使用效果最为明显，往往能采集到其他采集方式难以采到的少见昆虫。设置飞行阻断器的地点一般选在林下、林缘的通道附近，如果设置在浓密的植物丛中，由于昆虫难以经过，往往难以达到最佳效果。

微型飞行阻断器

另外还有一种将飞行阻断器和黄盘采集法结合的方法。装置由防雨盖、十字形透明隔板和底部的亮黄色脸盆构成。使用时在黄盆中加入乙二醇后，将整个装置用绳索悬挂至树冠层。在热带地区，此装置能采集大量昆虫标本。

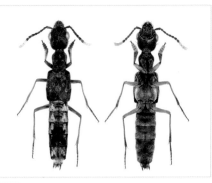

由悬挂在树上的飞行阻断器（左）采集到的球眼隐翅虫属 *Sphaeromacrops* 新种（右，未发表）

3. 马氏网

　　马氏网是一种拦截飞行（或爬行）的昆虫并利用它们的向光性向上爬入顶部收集器的采集工具。它的下部网体黑色纱质，一般是前后两侧开放，中间具一面横宽落地的拦截网，左右两侧由落地的纱网封闭，顶部网面白色使得昆虫朝上方光亮处爬行，最终进入最高处的收集器。收集器内装有乙二醇，可长时间保存昆虫，一般数周检查一次收集器即可。马氏网采集的昆虫以双翅目和膜翅目昆虫为主，也能采集到较多鳞翅目、鞘翅目和直翅目昆虫。

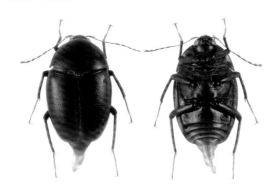

由马氏网采集到的新种：刺胫短额出尾蕈甲 *Pseudobironium spinipes* Löbl & Tang, 2013（正模）

马氏网

（七）夜采

除了白天采集，夜采是采集昆虫的重要手段。直翅目和蜻目的种类白天常静止在植物上凭借保护色隐藏自己，夜间则活跃取食，因而夜采是采集这两类昆虫的主要手段。直翅类昆虫的雄虫不少在夜间鸣叫，还可以循声采集。许多白天躲藏起来的甲虫也在夜间外出觅食，如拟步甲、一些天牛等。夜间搜索朽木或翻动堆木采集甲虫会比白天有更好的效果，因为此时的昆虫是几乎看不见采集者的，所以不会出现采集人靠近前即逃离的情况。

除了照明工具，一般夜间采集并不需要携带特殊的工具。在采集竹节虫标本时，可以带上大型的网箱，沿路慢慢观察采集。采集获得竹节虫在网箱内临时存放，网箱内放置一些植物枝条增加竹节虫的攀附面积。

携带竹节虫的网箱

夜采发现的窄亮轴甲属 *Morphostenophanes* 新种（未发表）

把采集的竹节虫带回到驻地后，收紧六足用纸巾卷起保存。

竹节虫专家何维俊先生打包好的竹节虫纸卷

采集到的重要个体或者若虫也可活体带回饲养。饲养的雌性成虫多数会将卵如同粪便般排出。卵对于竹节虫的分类也能提供形态特征，应带回随成虫一并制作成标本。

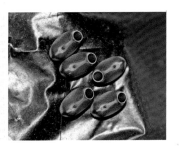

不同类群的竹节虫卵形态差异较大

（八）饲养

很多时候，由于采集错过了成虫的发生期或是因为某些种类的成虫非常少见而难以采集到某些昆虫的成虫标本。在这种情况下，如果将遇到的幼虫（若虫）饲养起来，也许能获得不错的成虫标本。通过饲养的过程，不仅能观察到昆虫的行为和习性，还能将完全变态昆虫的成虫和它的幼虫对应起来，这对于人们认识和了解昆虫是大有裨益的。

鳞翅目昆虫中有不少美丽的种类，如各种蝴蝶，将它们的幼虫或卵带回进行饲养而获得完美的标本是较为常用的方式。通常发现这些幼虫或者卵所在的植物即是它们的寄主植物，如不确定植物种类应多角度拍摄植物照片以方便之后鉴定和寻找寄主植物进行饲喂。更多情况下，采集时已经知晓寄主植物和昆虫的对应关系，幼虫或卵是通过搜索寄主植物发现的。野外采集时如发现有蝴蝶在植物周围盘旋飞行后落下作短暂停留的行为则可能是产卵行为，检查它的停留处有可能发现卵。

蝴蝶的幼虫一般较少群聚生活，弄蝶的幼虫常具有卷叶习性，粉蝶幼虫一般无特殊外部特征，凤蝶幼虫受惊扰后会自头后方翻出丫状腺体，灰蝶幼虫体多扁平，有些与蚂蚁共生，蛱蝶的幼虫一般头部长有角突或者身具肉棘和小刺，眼蝶的幼虫多以禾本科植物为食，斑蝶和环蝶幼虫常有群生的情况（蛱蝶、斑蝶、眼蝶、环蝶均属蛱蝶科）。

黑脉蛱蝶 *Hestina assimilis* (Linnaeus, 1758) 在朴树上产卵（左）和它的卵（右）

弄蝶

粉蝶

凤蝶

灰蝶

蛱蝶

蛱蝶

眼蝶

环蝶

蝴蝶的幼虫

蛾类的种类远多于蝶类。大蚕蛾的幼虫体型巨大，体表具肉棘；天蛾的幼虫在身体末端具有臀棘；凤蛾幼虫能分泌白色蜡质包覆物；笋纹蛾幼虫在末龄前具有 4 条很长的胸棘；斑蛾幼虫头部很小、缩在胸内；夜蛾科幼虫种类极多、形态多变，一般腹足 5 对，也有 4 对或 3 对的；

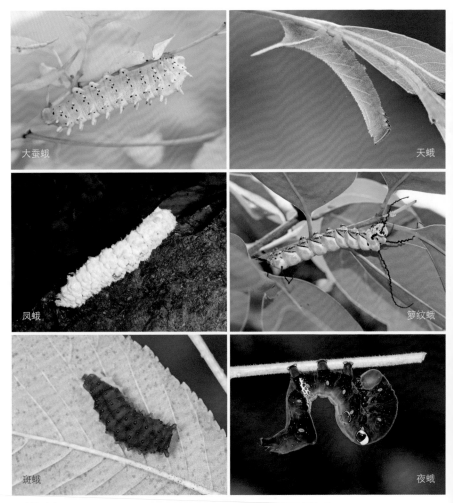

蛾类的幼虫

舟蛾的幼虫最后 1 对臀足常退化或特化成角，受惊时头尾会翘起摆动；尺蛾幼虫（尺蠖）腹足仅具 2 对，爬行动作特殊；刺蛾幼虫头小，胸足退化，体表常具毒毛，但也有不具毒毛的种类；毒蛾幼虫具毒毛和翻缩腺，毒毛常在瘤突上形成毛束；枯叶蛾幼虫较为大型，体表多毛。

蛾类的幼虫

将带有幼虫或卵的植物枝叶一并取回饲养，保持寄主植物的鲜活度是非常重要的。这与植物的种类、容器的密闭度以及是否供水相关。一般可以尽快将植物枝条下端插在装水的离心管或瓶中，用纸巾塞紧开口，再放置在快餐盒或整理箱中。用瓶子为枝条供水时需用餐巾纸塞住瓶口，一些幼虫，尤其是末龄幼虫，容易沿着枝条爬入水中溺亡。快餐盒的密闭度相对较好，有利于保持盒内湿度防止植物失水干枯，存有大量寄主植物时甚至可以不用将枝条插在水中也可较长时间地保持枝条鲜活。快餐盒一类的容器本身不完全密闭，一般无

须扎透气孔，但夏季高温时一定要放置在空调房间内，否则高温高湿的环境容易使幼虫死亡。较为透气的容器，如整理箱，适合放置不易干枯的寄主植物，除了将植物插水外，可以定期用喷壶喷水保持植物新鲜。野外携带寄主植物可以将植物放置在塑料袋内，轻压挤出多余空气，扎紧袋口存放，这样在短期内能保持植物鲜活。一些不易失水干枯的植物，如多种凤蝶幼虫取食的柑橘类植物，在室温不高时也可将植株和其上的幼虫在开放环境饲养，幼虫一般不会离开寄主植物。但当幼虫末龄接近老熟时则最好连同植物一起转移到容器中饲养，因为老熟幼虫可能会爬行很远寻找化蛹地点。另外，一些可以取食多种寄主植物的种类，在饲养幼虫的过程中最好不要中途更换植物喂养，以免造成拒食死亡。

结茧的蛾类，如大蚕蛾，一般将茧悬挂起来等待羽化即可。在土壤和落叶层化蛹的种类，如天蛾等，可以在饲养盒底部布置类似环境，或者放置一些潮湿的餐巾纸供其化蛹。蛹期也应用喷水或者加入潮湿的纸团等方法适当保持一定湿度，尤其是越冬蛹，防止蛹因干燥死亡。

简易的保水方法，用食品袋包裹餐巾纸加水后，再用橡皮筋缠住袋口

蝴蝶幼虫将自己用丝绑在枝叶上化蛹，有时化蛹的叶片干枯后容易脱落，可以将脱落的叶片钉在树枝上。如果外部固定蛹的丝受损导致蛹脱离了固着物，可以用纸制作蛋筒状的小纸杯，固定悬挂后把蛹放在里面，也可以用胶水将蛹腹部末端粘在树枝上悬挂起来，使它们能顺利羽化。对于来自森林的种类，蛹期需要保持一定的湿度，以避免羽化失败。可以适当喷水，或者在容器内放置存水的小容器，利用蒸发的水汽维持湿度。成虫羽化后，一般两个小时翅即逐渐变硬，可以处死获得完美的标本。有时，饲养者出于情感因素不忍将养成的成虫处死，请注意切勿将外地来源的昆虫放生。

在饲养各种野外带回幼虫的过程中，有时也会出现一些被寄生的情况。寄生在各个昆虫类群中均有发生，但在鳞翅目昆虫中最为常见。将这些最终获得的寄生性昆虫标本留存并与寄主昆虫对应起来，这对于昆虫研究也是非常有意义的资料。

饲养羽化的金裳凤蝶 *Troides aeacus* (C. & R. Felder, 1860)（雌）

咬破碧凤蝶蛹壳而出的双色深沟姬蜂 *Trogus bicolor* Radoszkowski,1887

一种由朽木饲养获得的扇角甲科 *Callirhipidae* 种类

　　通过翻找朽木及其相关的环境（或劈开朽木）常能获得鞘翅目昆虫的幼虫，包括各种金龟、天牛、拟步甲、叩甲、郭公虫等。取食朽木的种类较容易饲养，取回足量的原木即可，捕食性种类，如叩甲类的幼虫，则需要投喂其他昆虫。

金龟总科四类幼虫的腹末端形态

金龟总科四类幼虫的形态

昆虫爱好者最为关注的朽木幼虫类群一般为金龟类的种类，包括锹甲、黑蜣、犀金龟、花金龟等。锹甲的幼虫多生活在朽木中，与其他金龟类的幼虫的区别是它肛门开裂的方式为纵裂。黑蜣的幼虫也生活在朽木中，第3对胸足退化极小，仅用前两对胸足爬行。

犀金龟的幼虫一般在朽木相关的腐殖质中生活，体型较大，肛门横裂。花金龟的幼虫多生活在朽木相关落叶层的腐殖土中，最显著的特点是爬行时腹面朝上，通过背部蠕动前行。

发现幼虫后，将幼虫连同朽木或者腐殖土一并带回饲养。幼虫之间常具有一定的互食性，一般单独放置在零件盒的小格内携带，带回后也最好单独饲养或者放置在较大的整理箱内饲养。黑蚀的幼虫与一起发现的母成虫一同群养能提高幼虫的成活率。锹甲幼虫的生活周期一般较长，原有的食物不能支持它成长到成虫时，可以通过及早在原有食材上加入发酵木屑（购买）的方法让幼虫有一个食物过渡的适应过程。一些属的锹甲幼虫也可以转移入专用的菌包（购买）饲养，但出现提早化蛹、不适应死亡等的概率相对较高。预蛹和新化的蛹比较柔弱，尽量避免震动饲养盒。取食深度发酵木屑的种类在化蛹时可能会出现蛹室因木屑过度腐朽而崩塌的情况，可以将预蛹或者蛹小心地取出放置在吸过水的花泥制作的人工蛹室中。成虫羽化后会有一定的蛰伏期，时间因种类而异，提早打扰成虫使其活动会缩短它的寿命。

　　犀金龟和花金龟的幼虫一般取食发酵木屑即可，发酵木屑的湿度一般为用力捏没有水渗出，松手后木屑块能自然开裂为宜。犀金龟化蛹时需要一定的深度，因而需要布置较厚的木屑层。

取食发酵木屑化蛹（上）并在人工蛹室羽化的库光胫锹甲 Odontolabis cuvera Hope, 1842（下，雄）

竖立着化蛹的双叉犀金龟 Trypoxylus dichotomus (Linnaeus, 1771)（雄）

花金龟老熟后会用粪便制成土茧躲在其中化蛹。多数花金龟在蛹期需要降低湿度，可以开盖通风或者直接将土茧挖出放在土的表面。

对于锹甲、花金龟、犀金龟等甲虫，利用雌虫繁殖获得更多标本也是很常见的方法。野外获得的上述类群的雌虫多数已经交配过，锹甲母虫一般需产卵木和发酵木屑布置产房，花金龟和犀金龟母虫一般使用发酵木屑布置即可。一些高产的种类甚至能够通过一只母虫获得很多的后代。有时野外难以获得的长牙型个体能通过人工繁殖饲养获得，如黄纹锯锹甲。

土茧内的丽罗花金龟 *Rhomborrhina resplendens* (Swartz, 1817) 蛹（上）和新羽化的丽罗花金龟（下）

大量繁殖的黄纹锯锹甲 *Prosopocoilus biplagiatus* (Westwood, 1855) 个体（左）及其中出现的长牙型雄虫（右）

一些小型的种类如斑锹由于食物消耗量少，甚至能够在带回的食材上累代多次。

浙江斑锹 *Aesalus zhejiangensis* Huang & Bi, 2009

水生昆虫的饲养常具有一定的难度，需控制好水质。老熟幼虫化蛹（甲虫等）通常上岸在土中挖掘蛹室，或者稚虫（蜻蜓等）羽化需要露出水面的枝条等攀附物，应在饲养环境中提供。如果能获得比较老熟的幼虫，往往能提高最终获得成虫的概率。

饲养获得的新种：多斑星齿蛉 *Protohermes stigmosus* Liu, Hayashi & Yang, 2007（正模），幼虫（左上）、蛹（左下）及成虫（右）

相对于上述的完全变态的昆虫，直翅目、蜻目、螳螂目等昆虫的若虫无须经过蛹期即能羽化为成虫，若虫的习性也和成虫相似。饲养时，在容器四壁的一半和顶部内壁最好能粘贴一些餐巾纸等，方便昆虫攀附，也可以放置一些树枝起到同样的作用。放置的树枝裁剪至正好能在容器内卡紧，防止枝条滚动压到昆虫。饲养容器的宽度应明显大于螳螂的体长，这样螳螂能较自如地活动，避免复眼磨损。饲养若虫的容器高度应是螳螂体长的2倍以上，这样蜕皮时才能有足够的空间，饲养大型螳螂若虫时容器高度最好在螳螂体长的3倍以上。也可利用废弃的水果盒和果汁杯稍作加工制作的螳螂饲养容器，容器原有的孔洞可以方便地投入食物，平时用餐巾纸团塞住即可。

使用闲置的滴水筛反扣饲养大型的螳螂是便捷的方法。注意：如果饲养的是若虫，可以用两个滴水筛组合使用加高高度，避免蜕皮受到影响。

改造的简易饲养盒

网箱和滴水筛

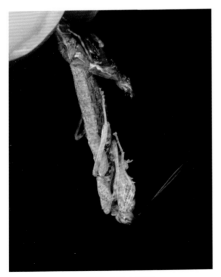

次末龄若虫蜕皮不慎掉落的小跳螳 *Amantis* sp.

较耐干燥的大型螳螂种类，尤其是大批量饲养卵块孵化的若虫时，可以用网箱饲养，经常喷水即可。雨林的种类尤其是小型种类一般不耐干燥，用较密闭的容器饲养，并适当喷水保湿或者加入吸有水的餐巾纸团。商品化的饲养盒有内置水槽，加水保湿较好。除正常喂食外，每隔2-3天需补充水分，喷水或将手冲湿后将水珠弹向螳螂，它们能自行低头舔食容器壁上的水珠。在若虫蜕皮长大前，会有一段时间停止进食，这时注意保持湿度即可。旅行时，饲养的容器常会出现碰撞和晃动，可多加留意即将蜕皮的个体。蜕皮过程中出现抓握不牢掉落的个体，及时用手将它的足或体末端旧皮提起，使其能在悬挂状态下蜕皮。

小跳螳 *Amantis sp.* 经历再次蜕皮羽化的成虫

　　通过卵块孵化螳螂进行饲养也是种方法，一般小型螳螂卵块需要保存在透气又保湿的环境下才能顺利孵化。新孵化的小螳螂没有互食性，可以混养，一般饲喂果蝇即可。果蝇可以通过苹果等水果吸引并增殖：将苹果切块放置在塑料杯中吸引外界果蝇，底部垫较厚的干纸巾吸收腐败时的水分。但由于环境中和水果本身的杂菌较多，酵母菌不占优势时就不能增殖果蝇。较好的方法是通过人工配制酵母菌琼脂培养基吸引并增殖果蝇。喂养时可使用吸虫管捕捉果蝇，再加入饲养容器。也可以参考吸虫管的制作方法，将果蝇增殖容器用透明的塑料管与螳螂饲养容器连通起来。

#

昆虫标本的制作

　　采集到的昆虫需要通过一定的步骤制作成昆虫标本以便于日后的观察研究，在此过程中采集标签往往易被新手忽视。一件标本的价值不仅在于昆虫的本身，也在于采集这件标本时所记录的采集信息，因而采集标签对于一件标本的研究价值有着至关重要的作用。采集标签一般记录采集地（包括国家、省市、具体采集点地名、海拔，有经纬度坐标更好）、采集时间、采集人，如有可能最好还能记录下周边植被情况、寄主信息等。采集标签不宜过大，一般用较小的字体书写或打印，信息较多时可以分为两张。寄生性种类一般还会把寄主昆虫标本粘贴在卡纸上，插于寄生昆虫和标签之间。

一、级台的制作方法

在制作标本的过程中，还常使用到级台。级台是一种用于统一高度的工具，一般三级台使用得较多，也有使用五级台进一步为解剖贴附板、采集标签、鉴定标签等进行分层。

简易五级台的制作方法如下：取厚度为 5 毫米的 KT 板剥去表面贴纸，裁剪成宽度相同、长度依次递减的长方形 5 块，最大的一块大小与载玻片一致；将 5 层 KT 板用胶水粘贴后用解剖针垂直向下钻孔；插入与各层对应高度一致的细吸管，并用胶水固定；最后在底部粘贴上载玻片，并用热熔胶在级台外部各接缝周围打胶固定。

标签

级台

级台

使用级台时，昆虫针插入虫体或纸板后，用级台最高的一级统一高度（高25毫米）：将针插入级台中央的小孔至级台底部即可。遇身体较厚的种类时，则无须使用级台，在昆虫体背和昆虫针针帽之间留出10毫米即可。最后将采集标签插于昆虫针上，用三级台的第二级（五级台的第三级）统一高度。

新鲜处死或湿润保存的标本肢体柔软，可以直接进行标本制作。而用干纸包或三角袋等干燥保存的昆虫，一定要先还软，再进行标本制作。蝴蝶蛾子等用三角袋保存的昆虫的还软方法参考正展翅法部分，甲虫等其他昆虫的还软一般将虫体泡在热水中一段时间即可。更换热水保持水温、盖上还软盒盖可以加速还软过程。标本在水中长时间还软时容易发生腐败，在水中加入一些酒精可以较好地起到防腐的效果。

一般标本制作的对象为昆虫的成虫，这是因为成虫通常较幼虫（若虫、稚虫）大而美丽，身体尤其生殖器发育完全，可用作解剖鉴定。下面介绍一些制作干制昆虫标本的常用方法，无论使用何种方法，保持标本的完整性是制作标本的原则中最重要的一点，此外也应尽可能地使标本具有美观性。

二、插针标本的制作方法

除了体型很小的昆虫以外，一般情况下均可以用插针的方法制作标本。根据昆虫的体型不同可以选择不同粗细的昆虫针。使用的昆虫针从 0 号针至 5 号针依次共有 6 种粗度，最粗的为 5 号针，最细的为 0 号针，一般 3 号和 4 号针的使用率最高。昆虫针插入虫体时，应与虫的体轴垂直，并避免影响后续足的整姿，具体插针的部位视昆虫类群的不同而有所差异。

1.直翅目、䗛目、蜚蠊目昆虫

直翅目昆虫插针于前胸背板（着生前足的体节背部）的后部偏右处，䗛（竹节虫）目昆虫一般参照直翅目昆虫的插针方法，但无翅种类亦可如图插针于后胸背板（着生后足的体节背部）中部偏右的部位，以便于保持标本的重心。蜚蠊目昆虫可参照直翅目昆虫的插针方法，也可以插针于右侧翅基部位便于保持平衡。

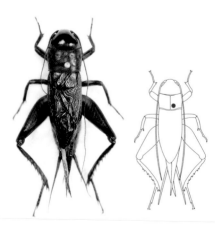

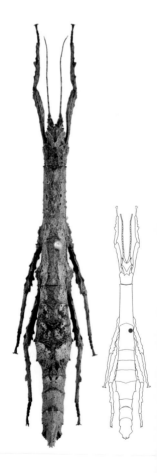

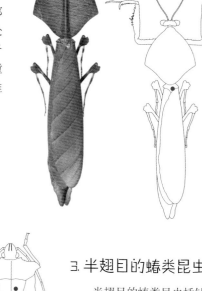

2. 螳螂目昆虫

螳螂目昆虫插针于中胸前部两翅基之间裸露部位稍偏右处（并非插在翅上）。亦有插针于前胸背板后部的做法，但不少螳螂种类腹部较大，用此方法很难保持重心，因而不推荐。

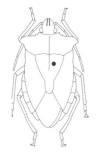

3. 半翅目的蝽类昆虫

半翅目的蝽类昆虫插针于小盾片（两翅之间的三角区域）的中央偏右处，注意避开腹面的中足基节窝（中足着生处）。

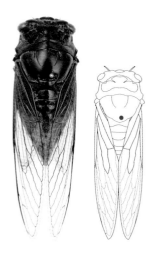

4. 半翅目的蝉类昆虫

半翅目的蝉类昆虫插针于中胸后侧偏右处，使昆虫针恰好从中后足之间穿出。

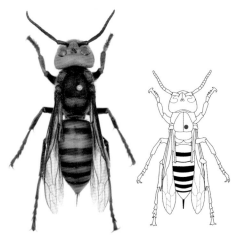

5. 膜翅目、双翅目、鳞翅目、蜻蜓目、蜉蝣目等昆虫

膜翅目、双翅目、鳞翅目、蜻蜓目、蜉蝣目等昆虫一般插针于中胸背板中央稍偏右处。

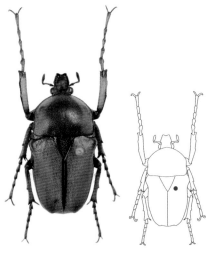

6. 鞘翅目昆虫

鞘翅目昆虫一般插针于右侧鞘翅左上靠近中缝的部位，使昆虫针恰好从中后足之间穿出，方便之后标本的姿态调整。具体插针位置会因具体种类而有所调整，如花金龟的插针位置更靠近右鞘翅的左上角。

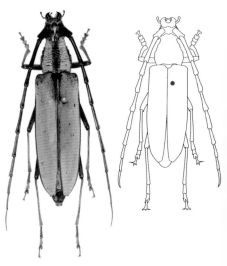

7. 荒漠地区的甲虫

有些甲虫（尤其是一些生活在荒漠的类群）的中后足基节窝靠得非常近，从背面插针较难恰好从中后足着生处之间穿过。这时可以从腹面插针，再将针拔下由背面插入从已有的孔洞中穿出。

有时插针标本会发生虫体在昆虫针上旋转的情况，为了修正或者预防这样的问题，可以在虫体下方用昆虫针插上小块 EVA 板材，并在 EVA 块和虫腹面接触部分涂上白胶固定。

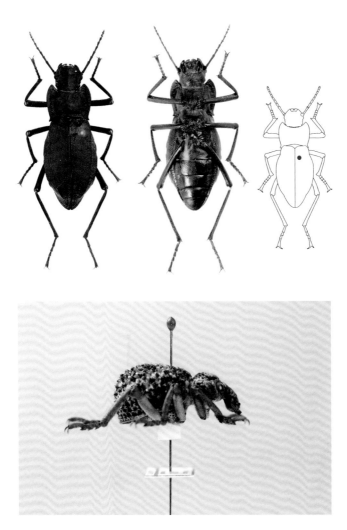

三、粘贴标本的制作方法

除了插针制作昆虫标本，体型较小或是较为珍稀的种类多采用粘贴在卡纸上的方式制作标本，这样的制作方式能避免在虫体上留下针孔。粘贴昆虫的胶水一般使用水溶性的胶水，如木工白胶、阿拉伯糖胶等，方便日后需要时取下标本。白胶干燥速度快，一般用于粘贴较大的昆虫，在粘贴极小型昆虫时，推荐使用在热水中能被迅速彻底地溶解的阿拉伯糖胶。阿拉伯糖胶的制作方法：取等体积的阿拉伯干胶和食用糖，添加适量的水，加热至沸腾，待液体变得浓稠后，滴入几滴苯酚，然后趁热将胶分装入小瓶内，冷却后盖紧瓶盖，供日后使用。

粘贴昆虫的卡纸分为两类，一类是三角纸片，一类是长方形的卡纸。使用三角纸片粘贴标本的方法在日本等一些亚洲国家使用较多，优点是能较好地观察标本头部和腹部的腹面特征，但标本容易触碰损坏。使用长方形卡纸粘贴标本的方法在欧美国家使用较多，虽然观察腹面特征需要将标本溶下，但能最大限度地保护标本。

三角纸片的底边约为 5 毫米，高为 11 毫米。一般可先用裁纸刀将厚卡纸裁剪成 11 毫米宽的长条，再用剪刀左右交错剪裁获得。三角纸片（实际为等腰梯形）的尖端的宽度可以根据粘贴昆虫虫体的大小调节，粘贴稍大的标本时可以使用呈梯形的纸片。粘贴昆虫时，将昆虫针在三角纸的重心处垂直插入，用级台的最高一级统一高度，纸尖指向左侧，在尖端涂抹适量的胶水后，将标本头朝前，背向上，腹面粘贴在三角纸尖上即可。注意：从标本正背面观察时，三角纸尖不可见。

长方形卡纸的大小有许多规格，可根据需求购买。一般选择宽度和长度均大于虫体的卡纸粘贴标本，并在卡纸尾端插针。

除了以正背面角度展示昆虫标本外，一些非常侧扁的种类也可以将卡纸侧粘在针插的 EVA 小块上展示其最美的侧面。

四、昆虫内脏的去除方法

多数昆虫体型较小，在制作标本时无须处理，干燥后即可以长期保存。但一些大型种类如独角仙、锹甲、螽斯、天蛾等，体内的内脏较多，直接干燥容易发臭，其体内的脂肪亦有可能会在日后保存过程中慢慢渗出，严重影响标本色泽。因此这些昆虫标本最好能在制作标本时去除内脏。

（一）甲虫内脏和肌肉的去除方法

甲虫的体壁坚硬，可以将各体段分开去除内脏，这里以锹甲为例介绍去除方法。所需工具有尖镊子和502胶水。

01. 将锹甲的头部、前胸以及之后鞘翅覆盖部分用手扭开，使之成为分离的三段。

02. 将鞘翅覆盖部分腹面朝上，用昆虫针沿后胸和腹部分界线（后足着生处之后）将该处的节间膜划开分离腹部。

03. 用镊子伸入分离的各部将内部的肌肉拔除。如是雄性标本，腹部内部末端的阳茎也可取出，单独粘贴在卡纸上附于标本下方。

04. 在分离各部分内缘逐节涂抹少量 502 胶水后，将各部分拼接成完整的标本。

05. 在粘贴腹部时，注意：用镊子沿鞘翅内缘将腹部轻轻塞入鞘翅下。

06. 稍作等待，待标本躯干粘牢后即可进行下一步整姿步骤。

注意：使用 502 胶水后，虫体将无法再行调整，如果未来仍有可能需要调整标本的姿态，如头部抬升角度等，也可以用木工白胶进行粘贴，但木工白胶的干燥时间相对较长。

（二） 其他昆虫腹部内脏的去除方法

除甲虫以外的其他昆虫一般仅将腹部内脏去除，这里以螽斯和蟋蟀为例介绍去除方法。所需工具有镊子、剪刀、塑料移液管、棉花。

1. 螽斯

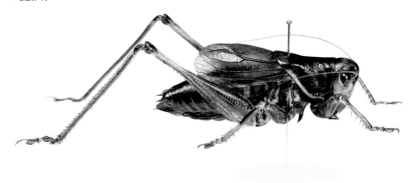

01. 在螽斯基部腹面用剪刀沿中线自前向后剪开，长度一般不宜过长。

02. 用镊子将腹部内脏慢慢掏出。

03. 用塑料移液管吸水冲刷腹腔。

04. 清理好的腹部已经没有内脏和脂肪组织。

05. 将棉花搓成长条，用镊子将棉花条慢慢塞入填满腹部。

06. 用手轻轻按压腹部外壁，调整腹部形态使之尽量自然，然后将腹部开口周围的外表皮覆盖开口。相比直接干燥的标本，填充标本干燥后腹部饱满而不会干瘪，腹面的开口一般也不会影响美观。

2. 蟋蟀

01. 蟋蟀等直翅目昆虫也可以在胸腹部连接处的背面开口，此处的节间膜非常柔软，翻起前翅后用针轻轻划开。

02. 用镊子慢慢从开口处将腹部内脏掏空。

03. 将小团的棉花搓成球，慢慢塞入腹部。

04. 将腹部塞满棉花，一般可比自然状态略饱满，因为标本在干燥后腹部会有所收缩。

05. 用手适当按压腹部调整形态，将前翅覆盖回腹部背面，就可以进行之后的整姿了。

五、标本的整姿

简单地将标本插针或者粘贴能满足科研或者一般收藏的需求，然而如果用比较统一的标准将标本的姿态调整得整齐一致，那么这样的标本收藏无疑是更能展现昆虫之美的。尽管这里我们提供了一些完成的样本供读者参考，但标本的整姿没有绝对的标准，收藏者完全可以根据自己对美的理解形成自己的风格。一般来说，调整好虫体的左右对称性和整体的平衡感即可以获得比较美观的标本。

另外，在整姿之前一般也应做好标本的清洁工作，小毛笔和吹气球是比较常用的工具。表面粘有油脂的标本可以在还软时的热水中加入洗手液去除油脂。标本表面较松散的颗粒垃圾可以用蓝丁胶轻轻滚压去除。遇到较难去除的垃圾时，可以用针挑少量白胶涂抹于沾污处，待白胶刚刚干燥时，将整张白胶如同面膜般撕下，即可将垃圾去除。超声波振荡器也可用于去除标本表面的垃圾，但如放入小型昆虫则容易肢体分离。

（一）一般整姿方法

这里的整姿皆通过用昆虫针调整受力的角度，最终将虫调整至上颚（牙）打开（上颚发达的种类），身体主轴呈直线，所有附肢两侧对称的状态。在整姿前应先确定足、触角以及上颚关节均柔软灵活。

1.一般的整姿方法

下面以锹甲为例，介绍昆虫的一般整姿方法。所需工具为镊子、昆虫针和泡沫板。

01. 按甲虫插针的方法在右侧鞘翅的左上方以垂直于体轴的方向插入昆虫针，针在虫体背面留出约1厘米长度（制作立体镜框展示的标本也可不插针，参考甲虫展翅方法部分的固定方法）。

02. 紧贴锹甲的上颚（牙）内侧，头后部两侧以及鞘翅后部两侧插入昆虫针防止虫体旋转。在上颚之间的唇基前缘中间也插入一根昆虫针，用以调整头部高度。

03. 调整锹甲的前足，一般先在腿节前或后插入昆虫针压住腿节，再用两针交叉的方法压住胫节，最后用针别住跗节，使跗节与胫节略有角度，跗节末端的爪可以轻轻下压勾住泡沫板。

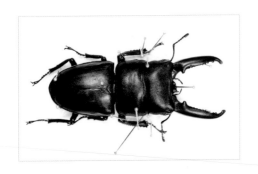

04. 以相同的方法调整另一侧前足至两侧对称后再调整中足。

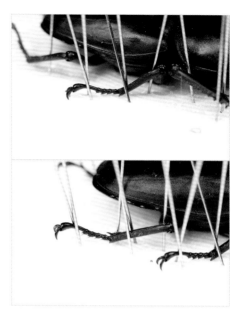

05. 以同样的方法逐一调整两侧中足和后足，腿节和跗节无法用单根昆虫针别住的则使用交叉的两根针压住。

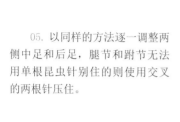

06. 从背面观察整体对称性，并适当微调足的角度，再调整触角。

07. 锹甲的触角第一节较长，用两根昆虫针交叉抬起，使得该节与体轴接近垂直。其余触角也用两根昆虫针交叉架起，与第一节呈略大于90°的钝角。

08. 最后用两根针分别将上颚之间的下颚须摆正。整体观察对称性没有问题后，整姿即完成了。

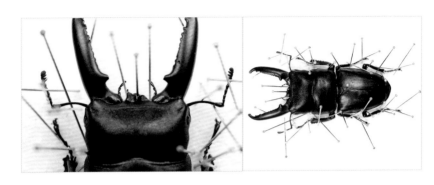

09. 待标本烘干后，小心地拆下固定姿态用的昆虫针，锹甲标本就制作完成了。注意：下板时先挑开勾住泡沫板的爪，再拔针取下标本。

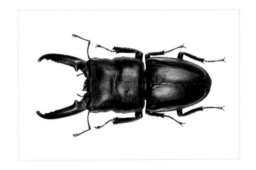

2. 长触角昆虫整姿方法

对于触角很长的昆虫比如天牛，在制作标本时可以按照如下步骤操作。

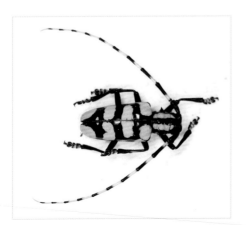

01. 将新鲜或还软的天牛标本足部各个关节尝试活动打开，确认柔软合适后放置在泡沫板上。一般的，上颚（牙）较短且为下口式口器的种类无需将上颚打开，天牛中土天牛类的种类上颚较长，可以制作前先将上颚打开。

02. 用手指尽量将两条触角捋直。

03. 在它右侧鞘翅的左上方处，以垂直于体轴的方向插入一根昆虫针，留出针帽约1厘米。注意：天牛的体型较长，插针的位置可适当稍后一些，针在腹面从中后足基节窝之间穿出。

04. 在两侧紧贴虫体位置插入昆虫针以固定虫体防止旋转。一般，头的两侧、前胸和鞘翅连接处的两侧以及鞘翅后部的两侧都是较好的固定位置。

虫体两侧对称位置的两根针向内侧倾斜，这样能将虫体稳固地压在泡沫板上。鞘翅两侧的固定针也有防止两鞘翅在干燥过程中开裂的作用。

05. 先固定前足，在前足胫节近端部的外侧插下一根昆虫针。

随后在前足跗节内侧插下一根昆虫针，两根针别住前足。

从背面观，跗节和胫节呈一定角度。同样的方法，调整另一条前腿的跗节和胫节。

06. 天牛的腿较长，前足腿节一般容易向前，在腿节前侧插下一根昆虫针，将腿节向后压至合适位置后，将针深深插入泡沫板固定。

用同样的方法压住另一条前足的腿节，两前足调整完毕。

07. 中足先调整腿节，一般将腿节调整成向后倾斜的角度，可以在腿节前插下一根针固定位置（如静止状态下的腿节过于向后，则在腿节后方插针，将腿节前推固定至合适位置）。

08. 随后以固定前足胫节和跗节相同的方法，将足进一步固定。

09. 用类似调整中足的方法将两后足调整好。

10. 调整触角前，先观察头部位置是否端正，可以在头部下侧方两边插针调整并固定（一般稍作调整后并不需要固定，口器与泡沫板的摩擦力已足够）。

11. 开始调整触角，用头两侧先前固定虫体的针卡住第一节触角，使得触角向后拉直的过程中，第一节触角并不和之后的触角成一条直线，而成一定的角度。

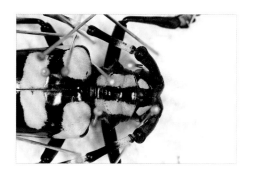

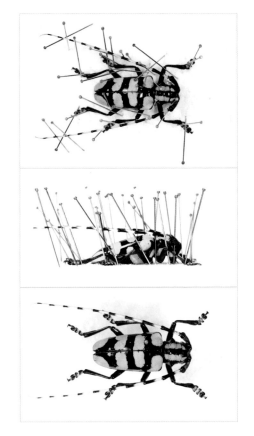

12. 其余的触角节向体斜后方尽可能拉直，用两针交叉的方法抬升或下压触角，将触角固定好（此过程需多角度观察慢慢调整，尽可能利用先前固定身体和足的针）。

调整完成之后，从侧面观，触角也应尽可能笔直。

注意：在干燥的最初阶段，最好能关注几次标本的姿态，因为标本在干燥失水的过程中可能会发生些微形变。如果发生形变，可及时用针调整。

干燥后退下固定肢体的针，完成天牛标本整姿。注意：制作小型天牛标本时，拔除固定触角的针时需格外小心。

有些直翅目昆虫的触角极其细长，其中的螽斯类使用新鲜标本制作时可以获得比较好的效果，而蟋蟀类则容易卷曲。将新鲜标本固定后，用手指将触角轻轻捋直向后摆放，用针选择两三处架好，即可保持姿态。标本干燥（自然风干）的前几个小时内需不时关注，如触角因失水导致发生形变时可用针轻微调整。

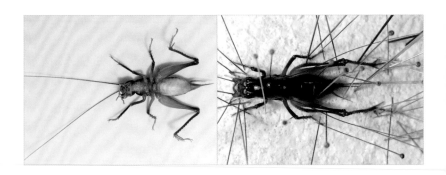

（二） 小型标本的固定方法

较小型的昆虫一般制作成粘贴标本，对这些标本的整姿一般使用压针法进行虫体的固定。用 0 号针斜插入 KT 板（或泡沫板），用针压住虫体（甲虫一般在鞘翅和前胸背板的接缝处），再用两根粗的昆虫针交叉下压住 0 号针。

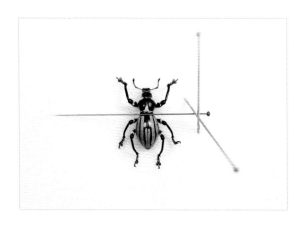

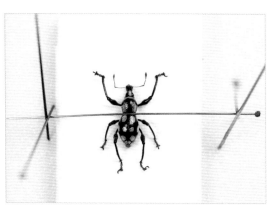

一些容易被针压坏的标本可以在虫体下方垫一小块化妆棉或者餐巾纸起到缓冲作用，再进行压针。

裁剪下小塑料片，插在昆虫针上后，将针插在虫体旁边，用塑料片压住虫体也是一种固定方法。

　　在调整小型昆虫的姿态时，有时未必需要用昆虫针固定肢体。可以用昆虫针在 KT 板上戳出针孔，然后将爪钩勾住针孔的方式固定六足。这样固定的标本下板的时候需用尖镊子轻轻挑起爪，再行取下。另外在标本干燥的过程中，会出现一个半干的短暂时期，这时的肢体既有一定的活动性，又能在调整好位置后保持姿势。了解并把握好这个时期有利于小型标本的整姿。不用针固定的标本在干燥过程中易发生形变，最好在整姿后的一两个小时以及一天后进行观察并轻微调整姿态。

　　在制作体长 1 厘米以下昆虫的时候，上述的一些方法就不太适用了。下面以体长 5.1 毫米的一只束毛隐翅虫为例，介绍它的整姿方法。这里使用的标本是已经干燥了 7 年的老标本，所以在整姿前需要用热水还软标本。用小试管装水，然后用酒精灯加热水中的标本可以加快还软的速度。但试管中的水沸腾后，甲虫的后翅容易脱出，为之后的整姿添加麻烦。为了避免这种情况的发生，除了控制水温避免爆沸之外，也可以将需要还软的标本放置在加满水的小离心管中，盖紧盖子，在放入试管内的水中进行隔水加热。

　　01. 取出还软充分的标本，置于表面清洁的 KT 板或者高密度泡沫板上，用餐巾纸吸去体表的水（使用高质量的餐巾纸可以避免纸纤维留在虫体表面）。标本的腹部翘起并明显朝一侧弯曲，并具有一定的弹性，难以在矫正后保持原位。这时，最好分两次调正姿态。

02. 用两根 0 号昆虫针分别在鞘翅和腹部处压住虫体，针尖斜插入 KT 板，针帽端用两根针交叉压住。由于虫体较小，0 号针下压的力度需小心控制，固定针帽的针也不宜使用过粗的昆虫针，防止下压力度过大使两片鞘翅分开。然后在腹部两侧分别插入 0 号针将原先弯曲的腹部调正，随后干燥。

03. 将干燥后的标本，重新还软，这时的腹部已经保持在体轴上没有偏转了（整姿前如有必要，将虫体上的垃圾清除，例如使用白胶面膜的方法）。用 0 号针在鞘翅处压住标本，注意：一定要将前足的基节（着生在前胸基节窝内的部分）调整向前摆放。有时前足基节具有弹性较难调整，可以在第一次矫正干燥时解决这个部分。触角和下颚须是最容易干燥的部位，先将下颚须挑出，并将触角用镊子轻轻理顺。有时在调整好触角的整体位置后，部分触角节会存在一些扭曲，可以等足调整好后等待半干燥时期，用镊子轻轻将弯曲部分夹直。

04. 随后用 0 号昆虫针在体侧分别调整和固定六条足，跗节和胫节的角度也可以等待半干燥期用镊子夹住调整。随后进行干燥，在开放的环境中风干时需加盖防止空气中的纤维掉落在虫体上。一般待干燥一天后可以将固定足的针拆下，观察整体的对称性，再用镊子或针作适度微调。

05. 待标本完全干燥后，可将标本贴附在卡纸上。这种整姿方式的好处是在最终将标本贴附在卡纸之前，可以对标本的腹背两面进行拍照。

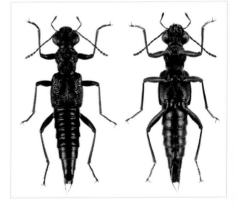

对于体长只有 1-2 毫米的昆虫标本，即使用最细的 0 号昆虫针进行压针和插针调整姿态仍会很难应用。这时可以先将还软的虫体头胸腹调直，用极少量胶将虫体粘贴在卡纸上，再用针拨动触角和足，利用半干燥时期将它们调整至最佳位置。如遇触角干燥过快无法调整时，可以用针蘸取少量水，轻轻刷在触角处，使之柔软后再作调整。

（三） 昆虫足的姿态

对于足展开的昆虫标本，尽管各足腿节与体轴的角度会因昆虫的身体比例或者制作者的喜好而有所不同，但一般而言将中足和前足腿节制作成接近于垂直体轴的姿态是比较常见的。足较长的种类，足的腿节也常可向后或向前较大幅度的倾斜。

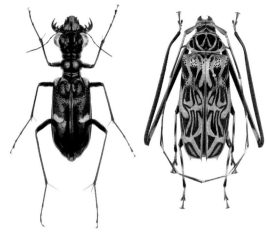

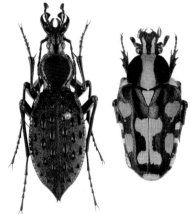

另有一种可称作缩足法的方法，将标本的足和触角尽量收紧。这种做法既节省空间，也有利于保护标本。

制作直翅目、螳螂目和蛸目等一些肢体细长的昆虫，一般也可将六足收拢靠近身体保护标本。螳螂由于前足具有分类特征，一般将前足打开。

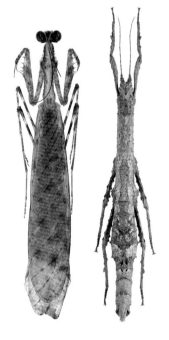

（四） 昆虫触角的姿态

　　无论是伸足还是缩足的标本，触角的姿态对于整个标本有着点睛的作用。即便是触角短小的种类，如金龟类，也应从头下方挑出触角摆放在头部两侧。

　　有些甲虫如鳃金龟类的触角呈鳃片状，整姿时应该逐片打开。

　　对于触角较长的种类，一般根据虫体的胖瘦决定触角的摆放位置。较细长的种类，触角向后摆放，而较胖的种类则可以向前侧方摆放。一般而言，昆虫的触角姿态待整体和足调整完毕后最后进行调整，但体长仅数毫米的小型昆虫的触角几分钟内就可能干燥，可以最先捋顺防止触角干燥后难以移动。有时触角干燥速度过快，可以用针帽蘸取水珠进行湿润还软，再进行调整。

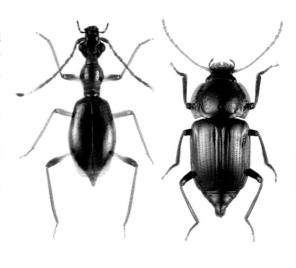

对于触角很长的昆虫如天牛、螽斯，出于保护触角和节约空间的考虑，一般将触角放置在背部的两侧，也有将天牛触角盘卷起来的做法。

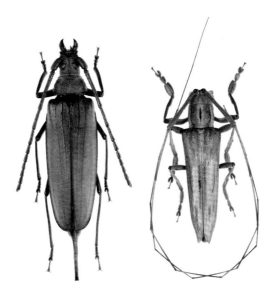

膜翅目昆虫的触角多数较长，一般可拉直朝前侧方摆放。

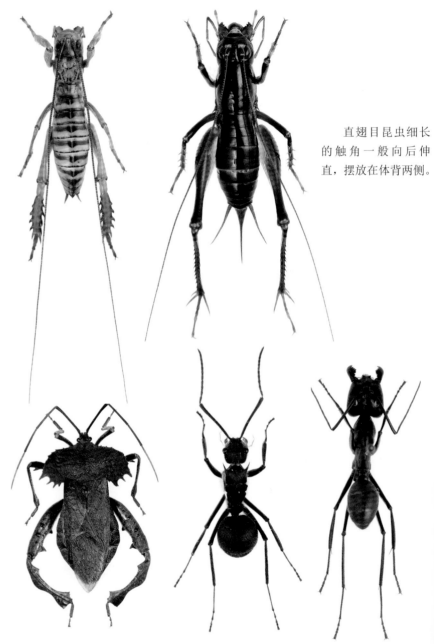

直翅目昆虫细长的触角一般向后伸直，摆放在体背两侧。

膜翅目的蚂蚁、半翅目的蝽类等很多昆虫触角第一节较长，这里有一些不同整姿样本可供参考。

（五） 甲虫整姿的补充

微型台虎钳

一般上颚发达的昆虫整姿时需要将上颚打开，但有些昆虫如锹甲在还软后，其上颚仍可能无法打开。这时可以使用微型台虎钳轻轻夹住锹甲头部，用手慢慢打开锹甲的上颚。如果用此方法仍无法打开，则可将锹甲的头部取下，用解剖针挑断头内肌肉后将头部粘贴回原处（方法参考甲虫内脏和肌肉的去除方法）。

一些甲虫的鞘翅较薄，制成标本干燥后鞘翅会发生卷折，例如绿天牛类的种类。用酒精保存或是虫本身羽化的原因，甲虫标本鞘翅缝开裂是比较常见的情况，例如部分种类的锹甲等。

有一种在鞘翅下衬纸的方法，能较好地解决此类问题。下面以锹甲为例，介绍方法，所需的材料与工具有剪刀、镊子、卡纸、白胶。

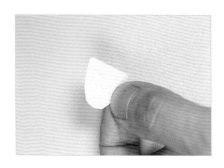

01. 剪一张与两鞘翅形状相似但稍小的卡纸，一面涂上白胶。

02. 将还软的昆虫擦干，打开虫体鞘翅，将一半卡纸粘贴于一侧鞘翅下方。

03. 将鞘翅合上并轻压，使得另一半鞘翅也粘贴于卡纸。

04. 用镊子插入鞘翅下方（后翅上方），将内衬卡纸与鞘翅进一步夹紧。手持一段时间，待白胶牢固后，鞘翅即不再卷折或开裂，可进一步进行之后的整姿。

用此方法制作的绿天牛和深山锹甲标本很好地修正了鞘翅的问题。此外，浅色鞘翅的种类（如这里的黄鞘深山锹甲）使用白色卡纸内衬能使鞘翅颜色更加鲜亮，若是鞘翅为深色的种类则可以选择深色的卡纸内衬。体型较小或鞘翅较薄的种类可以选用较薄的纸片或硫酸纸。

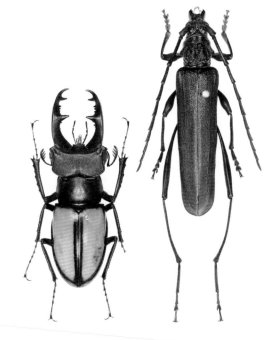

六、展翅法

为了展示昆虫美丽的翅以及观察翅上的特征，制作有些类群的昆虫标本时常将它们的翅充分展开，下面介绍三种较常用的展翅方法。除了这些展翅方法外，也可以利用两排昆虫针夹住翅的方法进行展翅，如制作大型蜂类标本，但此种方法对翅的固定效果不如使用展翅板的方法。

（一）正展翅法

在制作一些翅面美丽的昆虫标本时，如蝴蝶、蛾类、蜻蜓和蝉等，正展翅是比较常用的制作方法。这里以蝴蝶为例介绍基本的展翅步骤。制作过程所需工具有昆虫针、大头针、（宽头）镊子、泡沫板、KT 板和硫酸纸。

01. 还软标本。新鲜蝴蝶可直接展翅，无须还软。干蝴蝶标本则需要先还软再展翅，还软得充分与否往往对之后展翅的成功与否起重要作用。准备一个一次性餐盒，底部盛水，并加入适量酒精防霉。餐盒中间放一块小泡沫板，板上放置餐巾纸，纸一端充分接触水面，一端包住蝴蝶的身体。盖住盒盖后，放置数天，待蝴蝶的翅可完全展开不明显反弹时即可。还软时间与温度相关，温度低时需等待较多时间。有较多标本需要还软时也可以将三角纸袋竖立排放，盒底部加水浸没蝴蝶身体进行还软。此外，还可以用注射器将开水注入蝴蝶胸部，加速还软过程。

02. 展翅板等工具的准备。将一块大泡沫板放在下方，两块长条的 KT 板放在上方，中间留出一条沟槽，将 KT 板用针固定在泡沫板上后，即制作成简易的展翅板。KT 板宽度需大于蝶翅宽度，KT 板间沟槽的宽度不宜过宽，较蝴蝶身体宽度稍大即可。在制作一些大型蝴蝶标本时，每侧可堆叠两层或多层 KT 板，以容纳虫体厚度。有时为避免标本受潮翅面下垂，也可制作成截面略呈 V 字形的展翅板。

03. 插针。左手捏住蝴蝶胸部，右手将昆虫针垂于蝴蝶体轴的方向刺入中胸背板中央，插至针帽与虫体背面相距约 1 厘米。注意：这是在整个展翅过程中唯一一根插于蝴蝶上的针，在拿蝴蝶的过程中尽量避免手接触蝴蝶的翅以避免鳞片掉落。

04. 将蝴蝶插入展翅板中间的槽，昆虫针与泡沫板面垂直，蝴蝶双翅基部与泡沫板表面齐平，使得翅打开后能平展在板面。注意：蝴蝶前方应留出足够空间用于展翅，如翅面留有水珠，可用餐巾纸轻轻吸去。

05. 将蝴蝶双翅平展于展翅板，并在后翅缘用镊子将后翅向前侧方略推送，以避免前翅拉伸后，后翅叠放于前翅之上。之后，取两张硫酸纸条覆盖于蝴蝶翅面。

06. 掀开左前翅上的硫酸纸条，用镊子轻轻从前缘拉住左前翅慢慢向前移动。可向前拉动稍许后，用左手手指隔着硫酸纸轻轻压住翅面，再继续拉动前翅。往复几次至前翅后缘与展翅板沟槽垂直后，用手隔纸压住翅面，并在前翅外缘1毫米左右距离用几根大头针初步固定。注意：固定蝶翅的针应插在距蝶翅边缘约1毫米处，切勿直接插于蝶翅；展翅板的沟槽过宽时，展翅的操作容易引发较明显的虫体左旋，此时可紧贴虫体腹基部左侧插一根昆虫针于展翅板，以限制其左转。

07. 用同样的方法将右前翅拉至前翅后缘与展翅板沟槽（身体）垂直，并用针初步固定。

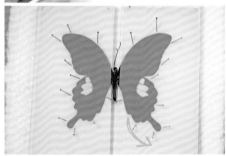

08. 用镊子夹住左后翅亚后缘处粗大的翅脉，前推至与前翅留有合适的角度，用针固定。随后，右后翅也作同样操作。整体审视确认展翅位置无误后，在蝴蝶前后翅外缘隔纸插入较多的大头针固定。由于不同种类的蝴蝶翅形不同，为保持蝴蝶标本的平衡性，前后翅之间留有的角度也会稍有不同。

09. 如蝴蝶腹部稍有歪斜或扭曲，可在其两侧插入昆虫针扶正。

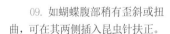

10. 旋转的头部（在干燥存放的蝴蝶标本中较为常见）可在其头部背面一侧插入昆虫针将其压正，另一侧插针防止头部歪斜。将触角置于硫酸纸之下，并用针固定，弯曲不对称时也可加针进行调整。凤蝶的触角端部较为弯曲，不易在硫酸纸下摆放对称，也可置于硫酸纸上方调整固定，但标本干燥后取下针和硫酸纸时需注意防止触角损坏。

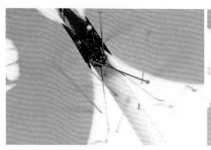

11. 展翅的步骤就此完成，此时，蝴蝶应两侧对称，前翅后缘与体轴垂直。随后将采集标签插于蝴蝶附近。干燥标本通常将展翅板置于通风处晾干即可，但需注意防虫，也可使用烘干箱烘干，温度一般不高于60℃。

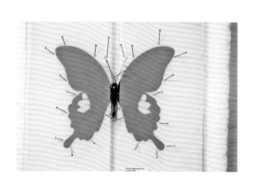

12. 标本干燥后，将展翅板上的针和硫酸纸取下，并将采集标签插于蝴蝶下方，装入标本盒保存。为更好地保存蝴蝶的色泽，应尽量避免强光直射标本。

在制作灰蝶等小型蝴蝶展翅标本时，由于它们的翅非常脆弱，直接用镊子拉拽翅脉展翅极易损毁翅面鳞片，可用昆虫针尖在翅基后方向前拨动进行展翅。因而这类小型蝶类的还软是展翅的关键，最好能在标本新鲜时即进行制作。

制作蜻蜓等其他翅狭长的昆虫标本时，展翅的标准与蝴蝶不同，为后翅前缘呈一条直线与体轴垂直。

（二） 甲虫等昆虫的展翅法

大型甲虫标本也可制作展翅标本，这里以独角仙为例介绍不插针展翅的步骤。制作过程所需工具有昆虫针、大头针、镊子、泡沫板、纸巾和硫酸纸。

01. 将在水中还软好的独角仙取出，打开鞘翅并展开后翅用纸巾擦去水珠。

02. 用昆虫针交叉固定独角仙的头角，在前胸两侧斜向插入昆虫针压住前胸，在前胸和鞘翅的缝隙间插入两根昆虫针固定虫体，在后翅打开的状态下，于腹部两侧插下昆虫针压住腹部。也可以在鞘翅打开后，后胸右侧插入一根昆虫针固定虫体。

03. 用昆虫针固定前足和后足，而中足以较短的大头针固定以方便展翅。

04. 在独角仙两侧用针固定两块厚度合适的小泡沫板作为展翅台，小泡沫板的上表面应与独角仙后翅基部齐平。小泡沫板可以用多层叠加或削减方式获得。

05. 拔除插于独角仙前胸和鞘翅之间缝隙处的昆虫针，将两鞘翅前推展开至最大角度后，在鞘翅后缘处将昆虫针插入展翅台挡住鞘翅。鞘翅展开姿态通常可参考昆虫飞行姿态，例如制作花金龟的展翅标本时则鞘翅无须展开。

06. 用镊子拉住后翅前缘粗壮的翅脉将两后翅向前展开，覆盖上硫酸纸后用针固定在两侧的展翅台上。最后用昆虫针拨出触角并固定。

07. 干燥后，将硫酸纸、展翅的针取下后，移除小泡沫板，再小心地取下固定身体和足的昆虫针，最后用镊子拔下固定中足的大头针，不插针独角仙的展翅标本就完成了。可将标本放置于标本盒中，在头角以及后足两侧插入昆虫针临时固定，待需要时制作立体展示镜框。

类似的方法也可以用于双翅目、膜翅目、直翅目等其他昆虫的展翅。此外尚有一种较为便捷灵活的硬币展翅法，即用一元硬币根据虫体厚度堆叠出展翅台，翅展开后上方用较多的一元硬币压住，展翅的角度可以通过移动虫体两侧的硬币堆进行调节。

（三） 反展翅法

在制作足的姿态需要调整或者体型特别宽胖的展翅标本时，如螳螂、蝉、竹节虫等，可以使用反展翅的方法，这里以螳螂为例介绍基本的步骤。制作过程所需工具有昆虫针、镊子、泡沫板和硫酸纸。

01. 事先将干燥的螳螂标本置于水中还软至各关节柔软，新鲜标本则无须还软。准备泡沫板一块、适量的昆虫针、两张硫酸纸条以及镊子。

02. 将螳螂擦干（包括后翅），腹面朝上，在中胸中央处插入昆虫针，针垂直于体轴，针帽留出约1厘米。注意：展翅过程中，仅有此针插于螳螂身体。

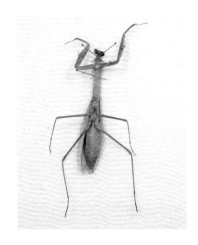

03. 将昆虫针以垂直于板面的方向插入泡沫板，将螳螂腹面朝上钉在板上。随后用两根昆虫针交叉下压的方法（交叉针法）将螳螂的体前部（胸部）固定在板面上，防止展翅过程中发生旋转。

04. 将螳螂一侧的翅轻轻拉出，覆盖上硫酸纸，并用针固定前翅。随即以同样的方法拉出并固定另一侧前翅。

05. 使用相同方法推出并固定两侧后翅，使得后翅前缘与体轴垂直，前后翅之间留有适当的空间。

06. 用交叉针法的方法将螳螂两条前足各节固定在板上，同时将端部的跗节挑开固定。

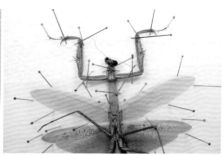

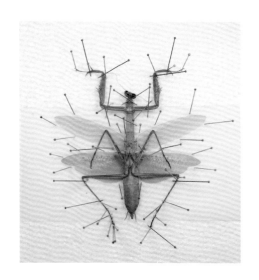

07. 将中足和后足也分别用交叉针法固定在板上。注意：中足的固定针插于前后翅的缝隙间。

08. 制作两根上段弯曲的昆虫针。

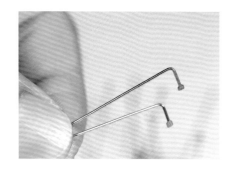

09. 用针帽勾住螳螂的中足跗节，并适度外拉，针尖倾斜地插入泡沫板。同时用两组交叉针固定这根弯头昆虫针。

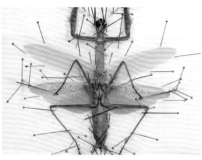

10. 用更多的昆虫针插于螳螂头的前后方，将其头部摆正，并将触角调直固定。

11. 干燥下板后，用镊子夹住针并顶住螳螂的身体，慢慢将针拔下。将标本翻转后，从标本正背面原有针孔处插入粗一号的昆虫针，并在标本下方插上采集标签，装盒（有时，为节约空间，也可仅将螳螂一侧翅展开）。

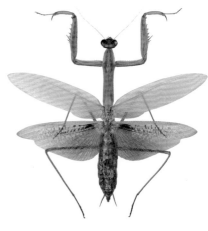

一些小型昆虫也可以用类似的方法展翅，这样腹面的足更容易调整姿态。

七、标本的修补方法

触角和足的各个关节是昆虫标本比较容易脱落的部分，这往往是因为制作前的虫体没有充分干燥导致关节处腐败或是制作保存时的意外触碰导致。对于制作前已有肢体脱落的虫体，一般可以将昆虫和断落下的肢体分别调整姿态干燥后再进行粘贴。对于非研究的标本，粘贴水一般使用502胶水。如果没有把握一次粘贴到位，可以先用白胶粘贴，确定位置无误后再用少量502胶水固定，防止受潮时移位。

1. 蝴蝶触角的修补

01. 将触角放置在需要修补的位置附近。

02. 在蝴蝶附近的KT板上点一小点502胶水，然后用镊子夹住断下的触角先调整好摆放的适合角度，再用断开处蘸取少量胶水。

03. 随即将触角粘贴于触角着生处，502胶水会迅速变干硬化，所以此过程应一次性准确到位。

04. 最终断下的触角又恢复原位了。

己. 甲虫的修复

对于捡到的甲虫尸体或者保存不当的甲虫标本，其肢体往往因腐败而脱落散架。制作标本时可以通过粘贴的方法尝试修复，这里以锹甲为例。

01. 将锹甲身体的各个部件还软后擦干。

02. 将后翅以及中后胸内残存的组织去除，留下腹板和中后足。

03. 用泡沫块修剪出与中后胸以及腹部空腔形状类似的内衬块。

04. 将内衬块放入胸腹部，并盖上鞘翅，确认内衬块大小合适。

05. 用502胶将中后胸和腹部两段腹板粘贴于内衬块上。

06. 在右侧鞘翅的插针位置反向插孔。

07. 将右侧鞘翅用502胶粘贴于内衬块背面右侧。

08. 在预留的针孔处插下昆虫针至合适高度。

09. 粘贴上左鞘翅，并在鞘翅两侧用针夹住固定。

10. 依次将头部、前胸和之后的体段粘贴牢固后，调整足和触角的姿态。

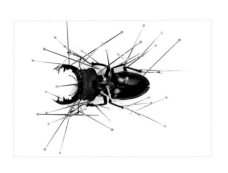

11. 待整体干燥后，再将半干状态的左后足粘回身体，标本的修复就完成了。

八、展示相框

制作完成的标本除了插在标本盒中存放外，也可以将一些比较美丽的种类放置在立体相框中进行展示。这里先以蝴蝶为例进行介绍，制作所需材料和工具有立体相框、云纹纸、镊子、剪刀、美工刀、KT板、热熔胶枪和胶棒、白胶、水笔、吹气球等。

1. 蝴蝶展示相框制作

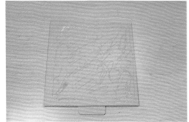

01. 将设计好的背景文字或图案打印在云纹纸上，并按照立体相框背板的大小进行裁剪。在相框的背板上涂抹适量的白胶，并将背景纸贴附在相框背板上。白胶不宜过多，否则背景纸容易受潮泡起。

02. 用镊子将蝴蝶的足拔除，口器伸出的用剪刀修剪去。然后用镊子紧贴蝴蝶背部夹住昆虫针，慢慢将展翅的蝴蝶退针。还软后制作的蝴蝶标本一般比较容易退针，而用新鲜蝴蝶直接制作的标本则会

因体液干燥时黏住昆虫针而较难退针。这时可用镊子中段夹住蝴蝶背侧露出的昆虫针将其折弯，然后通过一手拿住蝴蝶胸部（腹面），一手慢慢旋转昆虫针的方式将针转松，再慢慢退下。

03. 将蝴蝶退至昆虫针接近末端处后，插于约宽1厘米，长2厘米的KT板小块上，放在相框背板上进行定位。确定位置后，用水笔在背板上画点标记。

04. 将蝴蝶从KT板小块上拔下，插于他处。用美工刀将KT板小块修小成约6毫米见方的小块，在用热熔胶将它粘贴在相框背景上的定位点。蝴蝶的整体比较宽薄，使用KT板小块垫在蝴蝶下方可以使整体展示效果更好。甲虫一般无须使用垫材。

05. 将适量的热熔胶涂抹在蝴蝶胸部的腹面，然后迅速将蝴蝶放于背景板上的KT板小块上。涂抹的热熔胶需触及前后翅的翅基，以保证日后双翅不会下垂。

06. 用昆虫针适当调整蝴蝶位置后，用镊子轻压背部将蝴蝶稍稍压紧，同时拔出昆虫针。

07. 拆下相框内壁的 4 块 KT 板档条，用餐巾纸和吹气球将相框的镜面清理干净。随后用热熔胶将相框内部各条缝隙逐一打胶密封。

08. 将内壁的 4 块 KT 板档条安装回相框，并在档条上侧打胶固定。KT 板本身也会被胶枪熔化，所以这一过程需较快完成。

09. 将背板安装在相框上，并在相框和背板的接缝处用胶枪打胶将相框完全密封。

10. 这样一个蝴蝶展示相框就完成了，一般还可将标本的介绍打印后粘贴于相框的背面。这样制作的昆虫展示框密封性较好，不易被虫蛀和受潮。注意：制作相框一般也应避开梅雨天。

2. 甲虫展示相框制作

01. 用类似的方法也可以制作甲虫题材的展示相框，甲虫一般体型较厚，无须使用垫材，使用的黏合剂也可以使用 502 胶水。当涉及的标本较多时，先将标本摆放于背景板上进行空间调整。

02. 确认无误后，逐一用镊子夹起标本（腿部），在背景纸上点上适量的 502 胶水。注意：502 胶水会在云纹纸上留下印记，不宜过多。

03. 将甲虫放回原处后，稍作调整，轻压固定。

04. 将甲虫用热熔胶将相框封闭后，展示相框就完成了。

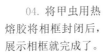

九、标本的长期保存

　　制作完成的标本需经过干燥才能插入的标本盒进行保存，干燥的方法一般有自然风干和烘箱烤干。自然风干时，一般须将标本在室内放置数天。使用烘箱烘干的速度较快，温度一般设置在 60℃左右。夏季将标本放在关闭车窗的车内也能很快将标本烘干。对于大型甲虫而言，使用自然风干的方法干燥所需的时间较长，且下板入盒后容易出现肢体的形变。出现此情况时，一般可以还软后进行二次整姿，再次风干后，则肢体形变的概率会大大降低。

　　标本入盒保存的过程中主要的注意事项有防潮、防霉、防虫、防止褪色。一般通过选用密封性好的标本盒就能较好地做到防潮、防霉、防虫。标本盒的材质（推荐木质）、盒盖的密闭性、标本盒表面是否涂漆均对标本盒的密封性有较大影响。存放标本盒的房间最好能安装有除湿装置，私人收藏可以存放于相机防潮箱内，在多雨潮湿的日子不宜打开标本盒。

柏林自然博物馆中用电子化控制的密集柜阵列

　　密封性好的标本盒能有效防止各种昆虫入侵标本，包括啮虫，而樟脑块等对虫害的防治作用非常有限，且对人体有害，因而不推荐使用。有时标本在室内自然风干时会引来皮蠹等昆虫产卵，装入盒中后幼虫孵化危害标本。所以新做好的标本尤其需要经常关注，较为稳妥的方法是使用暂存盒，即将新做好的标本统一收纳在一个标本盒内，一两个月后如没有发现蛀虫，则可以将暂存盒中的标本放入长期保存的标本盒中。一旦发现标本下方有碎屑出现要及时除虫。除了可以将肉眼可见的皮蠹幼虫等蛀虫直接处死外，大型的昆虫标本馆一般使用化学药剂熏蒸房间，私人收藏一般可以使用冷冻或者烘烤的方法进行除虫，即将带有蛀虫的标本盒放入深度冷冻的冰箱数周或是放入烘箱内烘烤两天。

标本下方出现碎屑说明有蛀虫为害　　　　　　　　　　　皮蠹幼虫

如果出现皮蠹幼虫，应该先用镊子将可见的幼虫收集起来处死，再将整盒标本冷冻或者加热除虫。

防止褪色对以化学色（色素色）为主的昆虫标本而言是较难做到的，例如直翅目昆虫的绿色等。注意以下几个方面能最大限度上减缓标本的褪色：①处死昆虫时尽可能减少在乙酸乙酯毒瓶中存放的时间或改使用其他毒剂（见毒瓶的准备和使用）。②处死昆虫后尽可能立即去除内脏（见昆虫内脏的去除方法）并制作标本。③尽快干燥标本，避免高温和阳光照射，最好放置在冰箱冷藏室内干燥。④避光并低温保存标本。此外也有将新鲜标本置于丙酮中浸泡后再制作标本的保色方法。

一些大型昆虫标本如果在制作过程中没有去除腹部的内脏和脂肪，保存一段时间后有可能出现体内油脂渗出体表沾污标本的色泽和绒毛的情况，尤其插针标本更易出现这种情况。一般可以用乙酸乙酯或丙酮等有机溶剂浸泡出油标本数天，标本表面的油脂可基本被溶去（丙酮溶解油脂的能力较强，但泡过的标本容易变脆）。但如果不去除内部组织，出油情况往往会反复出现。

标本的赏析

　　各个昆虫类群标本的完美姿态是怎么样的，如何才能最大程度的展现昆虫标本之美？这是非常难的问题。实际上，标本的整姿在很多细节上并没有绝对的标准，制作者可以根据自己对美观的理解形成自己的风格。一般来说，调整好虫体的左右对称性和整体的平衡度即可以获得比较美的标本。这里我们尽可能列出整姿较为多样化的一些标本，希望为读者提供一些标本整姿制作的思路。

（一）鞘翅目

吉丁科
广西大瑶山

吉丁科
广西大瑶山

长阎甲科
四川栗子坪

扇角甲科
广西花坪

萤科
泰国

伪瓢甲科
广西花坪

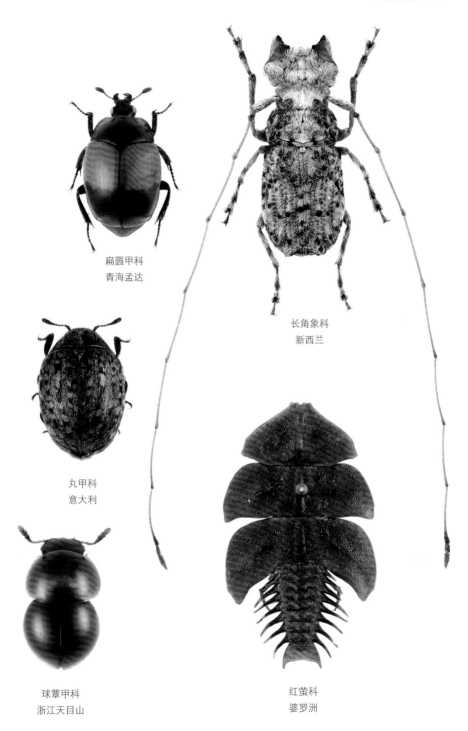

扁圆甲科
青海孟达

长角象科
新西兰

丸甲科
意大利

球蕈甲科
浙江天目山

红萤科
婆罗洲

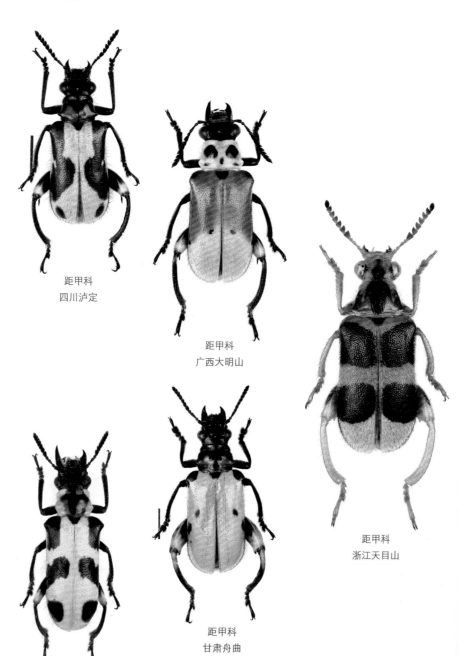

距甲科
四川泸定

距甲科
广西大明山

距甲科
浙江天目山

距甲科
甘肃舟曲

距甲科
云南贡山

距甲科
坦桑尼亚

距甲科
广西大瑶山

距甲科
广西大瑶山

三栉牛科
西藏察隅县

三栉牛科
西藏林芝

犀金龟科
云南独龙江

犀金龟科
浙江杭州

金龟科
云南哀牢山

金龟科
广东南岭

金龟科
浙江天目山

金龟科
广西大瑶山

粪金龟科
四川海螺沟

金龟科
广东南岭

粪金龟科
四川峨嵋山

葬甲科
浙江天目山

葬甲科
浙江天目山

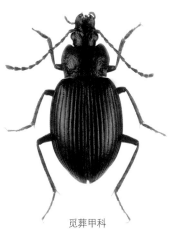

觅葬甲科
浙江龙王山

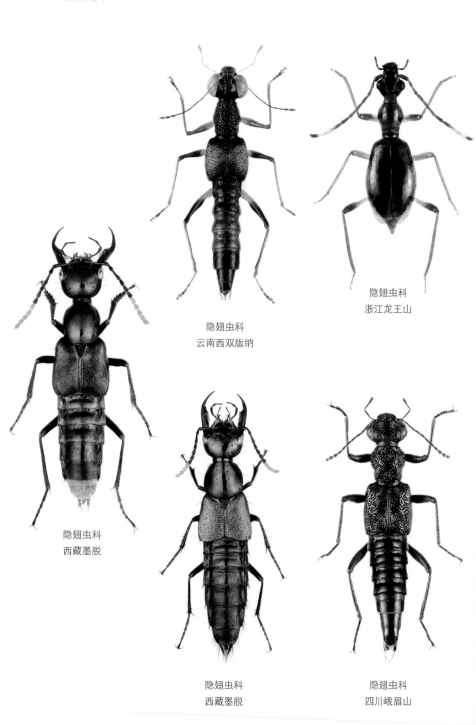

隐翅虫科
云南西双版纳

隐翅虫科
浙江龙王山

隐翅虫科
西藏墨脱

隐翅虫科
西藏墨脱

隐翅虫科
四川峨眉山

隐翅虫科
西藏墨脱

隐翅虫科
浙江天目山

三锥象科
印度尼西亚

郭公虫科
浙江天目山

茎甲科
云南贡山

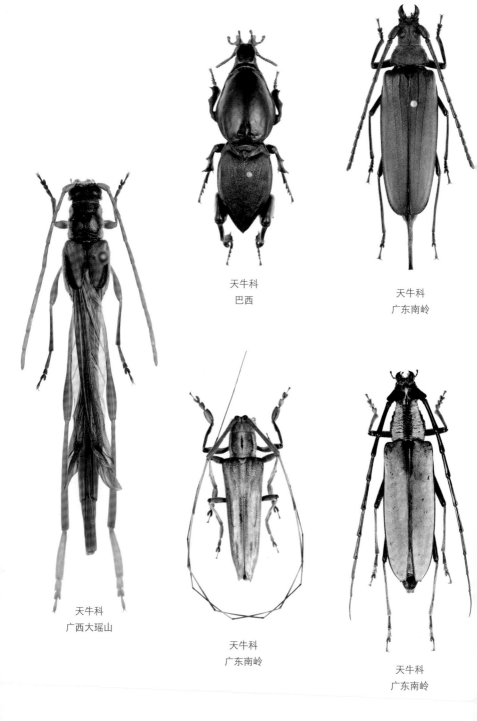

天牛科
巴西

天牛科
广东南岭

天牛科
广西大瑶山

天牛科
广东南岭

天牛科
广东南岭

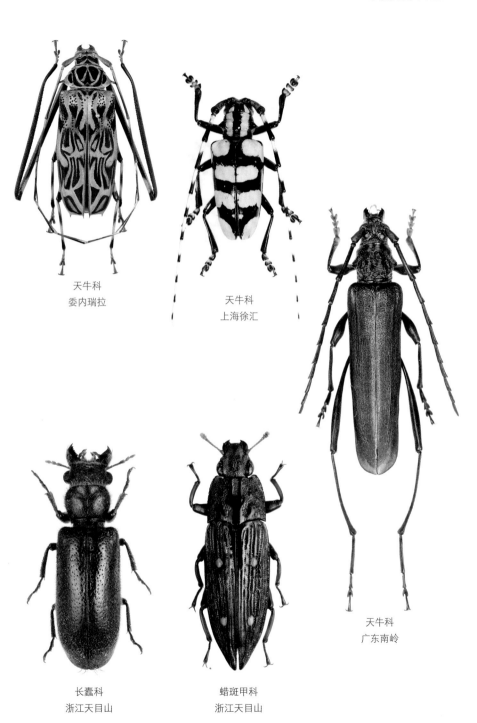

天牛科
委内瑞拉

天牛科
上海徐汇

天牛科
广东南岭

长蠹科
浙江天目山

蜡斑甲科
浙江天目山

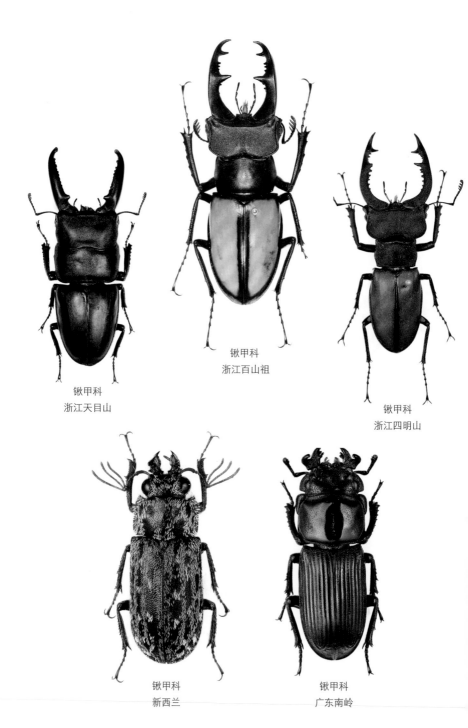

锹甲科
浙江百山祖

锹甲科
浙江天目山

锹甲科
浙江四明山

锹甲科
新西兰

锹甲科
广东南岭

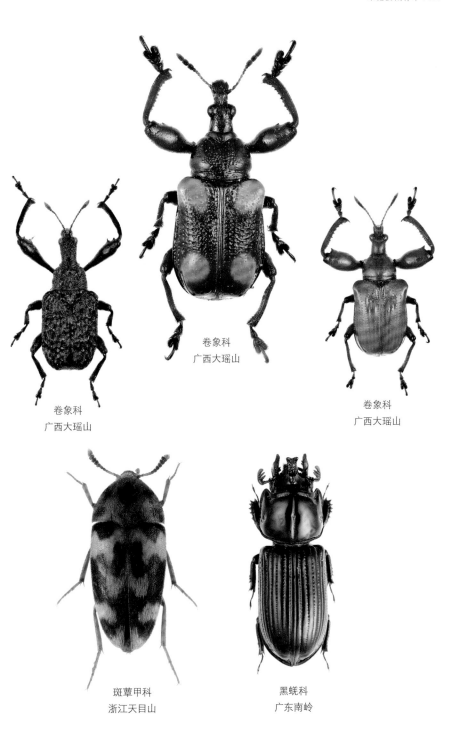

卷象科
广西大瑶山

卷象科
广西大瑶山

卷象科
广西大瑶山

斑蕈甲科
浙江天目山

黑蜣科
广东南岭

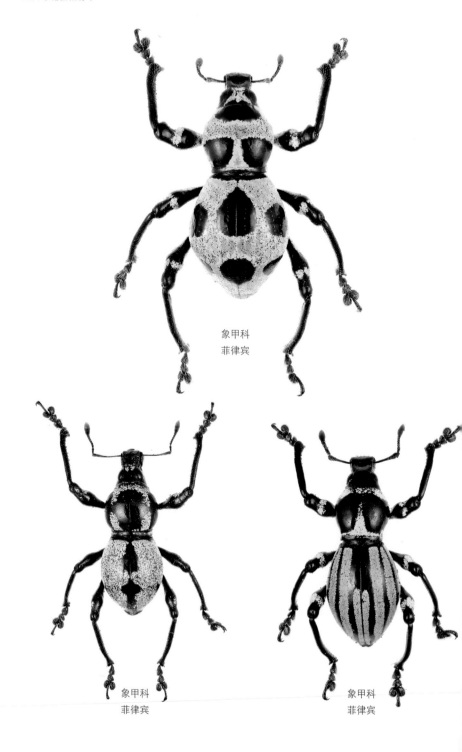

象甲科
菲律宾

象甲科
菲律宾

象甲科
菲律宾

象甲科
菲律宾

象甲科
秘鲁

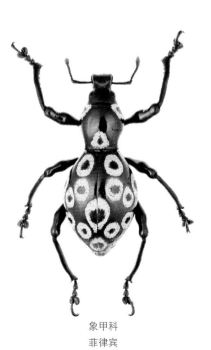

象甲科
菲律宾

象甲科
福建挂墩

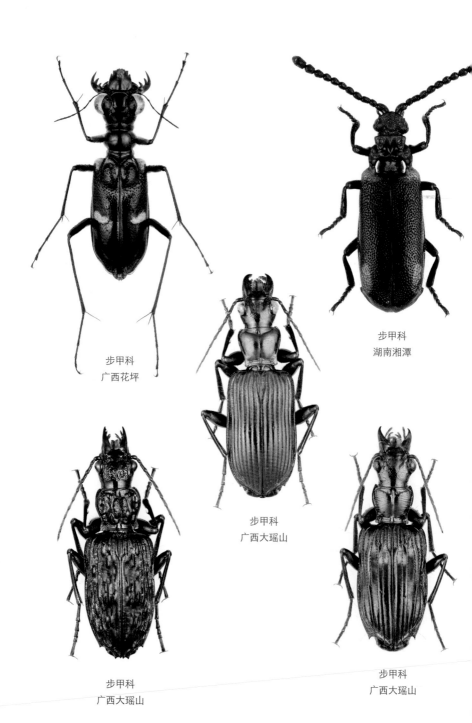

步甲科
广西花坪

步甲科
湖南湘潭

步甲科
广西大瑶山

步甲科
广西大瑶山

步甲科
广西大瑶山

步甲科
广西大瑶山

步甲科
广东南岭

拟步甲科
广东南岭

拟步甲科
陕西宝鸡

拟步甲科
广东南岭

（二）半翅目

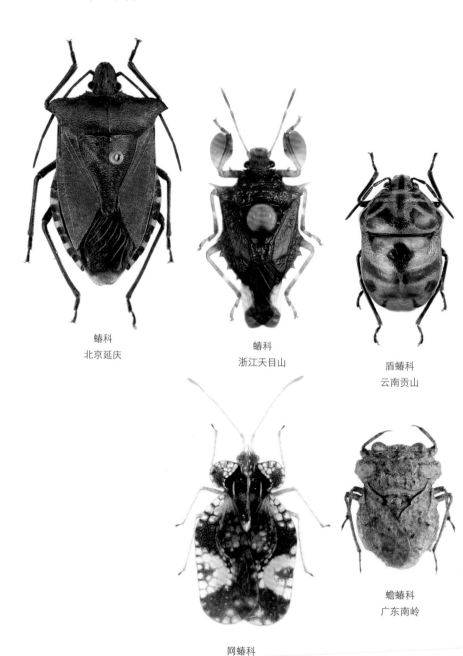

蝽科
北京延庆

蝽科
浙江天目山

盾蝽科
云南贡山

网蝽科
上海闵行

蟾蝽科
广东南岭

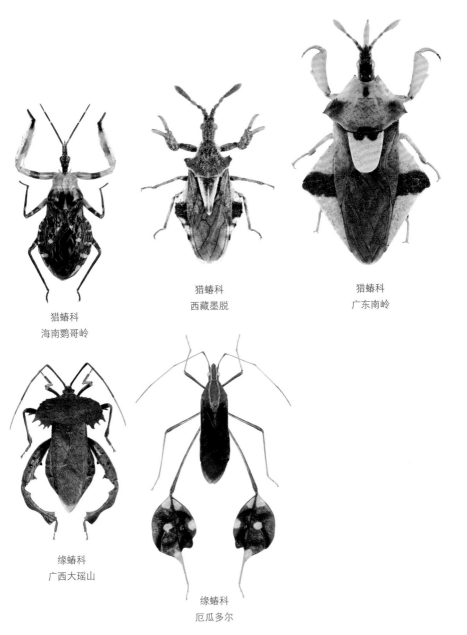

猎蝽科
西藏墨脱

猎蝽科
广东南岭

猎蝽科
海南鹦哥岭

缘蝽科
广西大瑶山

缘蝽科
厄瓜多尔

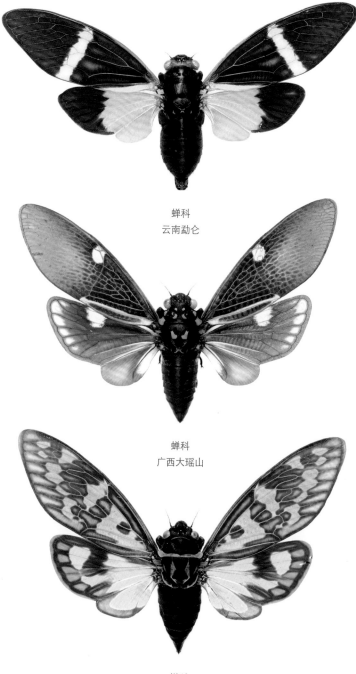

蝉科
云南勐仑

蝉科
广西大瑶山

蝉科
云南金平

蝉科
海南尖峰岭

角蝉科
广西大瑶山

角蝉科
菲律宾

角蝉科
马来西亚

叶蝉科
西藏察隅

蜡蝉科
厄瓜多尔

蜡蝉科
上海佘山

（三） 鳞翅目

凤蝶科
广西大明山

凤蝶科
浙江天目山

大蚕蛾科
云南西双版纳

蛱蝶科
浙江天目山

蛱蝶科
浙江天目山

（四）脉翅目

蝶角蛉科
浙江百山祖

溪蛉科
浙江天目山

（五）蜻蜓目

春蜓科
浙江天目山

蜻科
福建茫荡山

蜻科
浙江天目山

色蟌科
浙江天目山

（六）膜翅目

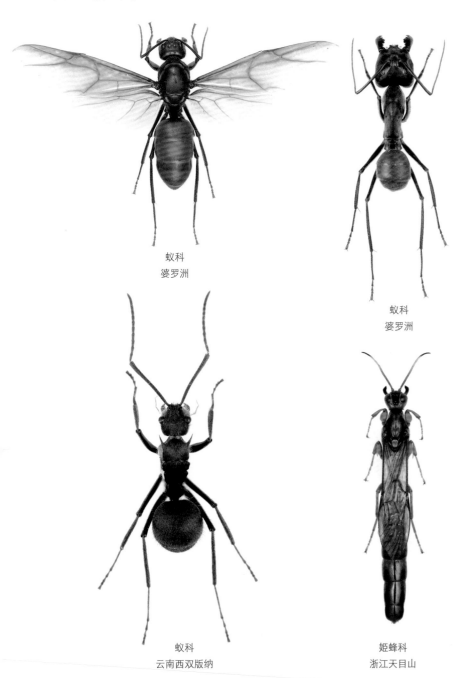

蚁科
婆罗洲

蚁科
婆罗洲

蚁科
云南西双版纳

姬蜂科
浙江天目山

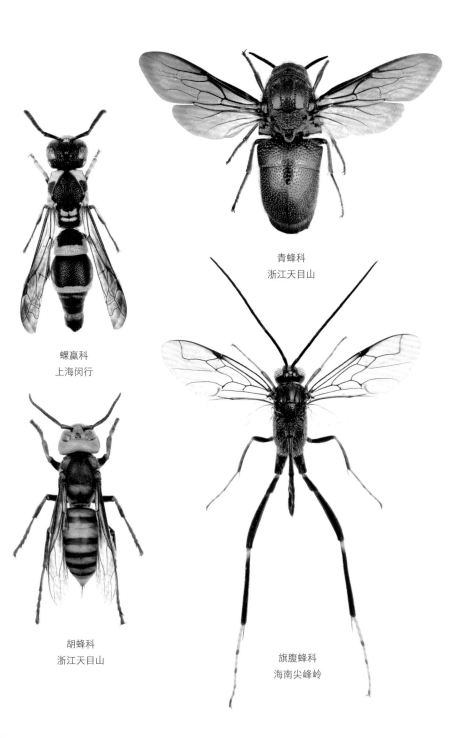

青蜂科
浙江天目山

蜾蠃科
上海闵行

胡蜂科
浙江天目山

旗腹蜂科
海南尖峰岭

（七） 双翅目

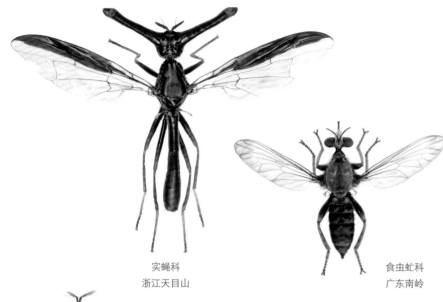

实蝇科
浙江天目山

食虫虻科
广东南岭

食蚜蝇科
浙江古田山

（八） 蜚蠊目

硕蠊科
福建茫荡山

（九） 革翅目

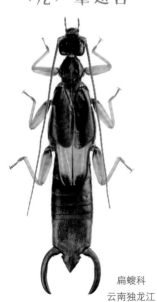

扁蠼科
云南独龙江

（十）螳螂目

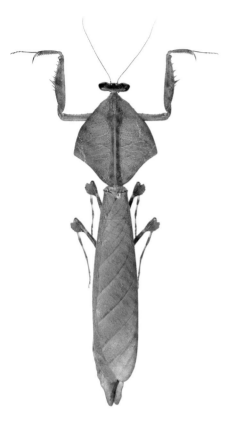

螳科
婆罗洲

（十一）直翅目

脊螳科
婆罗洲

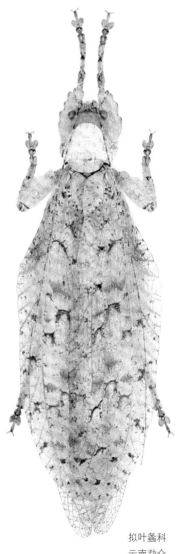

拟叶螽科
云南勐仑

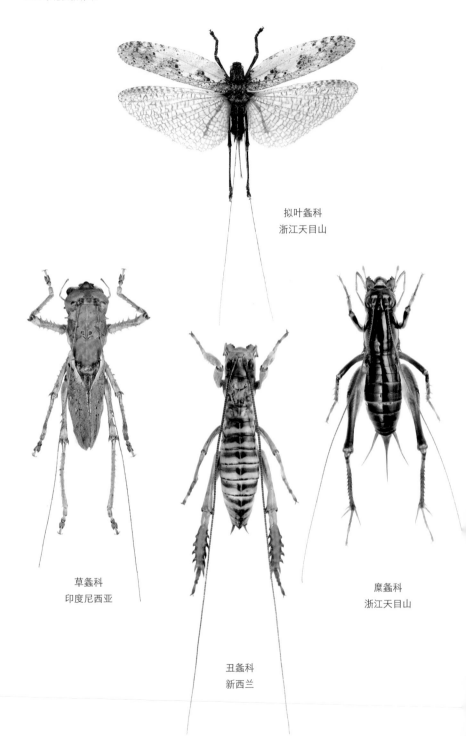

拟叶螽科
浙江天目山

草螽科
印度尼西亚

丑螽科
新西兰

糜螽科
浙江天目山

（十二）蛉目

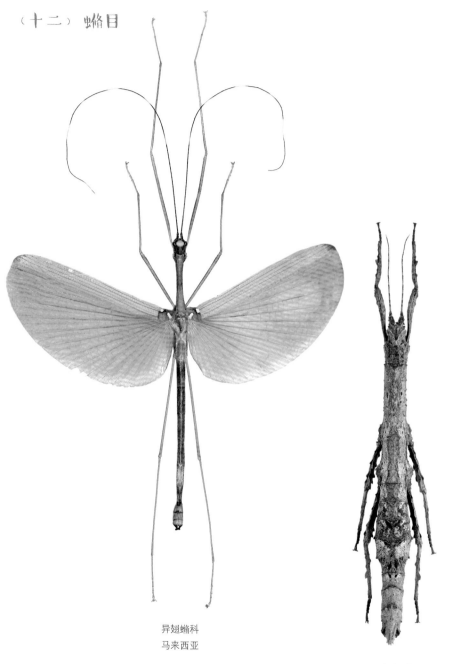

异翅蛉科
马来西亚

异翅蛉科
海南保亭

致谢

在撰写本书期间及长期以来的研究工作中，我们获得了很多朋友的支持和帮助，在此一并致谢。我们衷心感谢吴超先生、刘宪伟研究员、王瀚强博士、刘星月教授、李虎教授、李彦博士、马云龙博士、陈小琳副研究员、叶昕海博士、许浩博士、邱见玥博士、邱鹭博士、Volker Puthz 博士和 Paolo Rosa 先生发表或鉴定了部分昆虫种类，何维俊先生分享竹节虫的采集经验，贾凤龙副教授、王毅刚先生分享了水生甲虫的采集经验，宋晓彬先生、宁列先生于建伟先生一同采集并分享采集和拍摄经验，袁峰先生、王勇先生和于建伟分享采集或饲养经验，陈常卿先生、杨晓东先生、朱笑愚先生、吴勇翔先生、金明先生和赵铁雄先生帮助采集新种标本，实验室的教师赵梅君教授、殷子为副教授、彭中博士以及历届毕业生尤其是黄灏先生、朱建青先生、周德尧先生、何文佳女士、李新巾女士、朱礼龙先生、陈靖女士、朱静文女士、李金文先生、沈山佳先生、王甬鹰先生、许旺先生、齐楠先生、封婷女士、张丰先生、陈艳女士、潘玉红女士、戴从超先生、余一鸣先生、吕泽侃先生、沈佳伟博士、严祝奇先生、屠跃邺先生、王丹女士、刘逸萧先生、刘胜男女士、姜日新先生、胡承志先生、张雨清先生、黄梦迟女士、程志飞先生、帅旗先生、缪征一先生给予了诸多帮助。我们特别感谢亲爱的朋友毕文烜先生十多年来无私地分享交流各种标本采集、制作、拍摄方法等经验以及总是十分尖锐地指出我们的不足之处。

限于能力和时间的有限，书中难免会出现错误和不足之处，恳请广大读者批评指正。

汤亮老师的个人微信公众号：
DrTang 的自然足迹

余之舟老师的个人微信公众号：
虫与虫珀